准东地区降尘-土壤-植物重金属迁移过程及生态效应研究

侯艳军 著

气象出版社

China Meteorological Press

内容简介

　　本书在国家科技支撑项目"准噶尔煤炭开采区及周边退化生态系统理技术研发与示范"资助下完成,针对新疆准东地区发展所造成的重金属对区域生态环境产生严重损害的问题开展研究,通过对研究区降尘、土壤和植物的野外样本收集,测定降尘、土壤和植物中的重金属含量,分析其来源和时空分布特征,进行污染评价,分析降尘-土壤-植物系统中重金属迁移过程,动态预测重金属未来污染程度,并结合遥感手段分析降尘-土壤-植物系统中重金属对区域生态效应。

　　本书可供地理学、环境科学及相关领域的科研人员、高校教师、研究生和高年级本科生阅读,也可为公众及相关领域的决策者提供参考。

图书在版编目(CIP)数据

　　准东地区降尘-土壤-植物重金属迁移过程及生态效应
研究/侯艳军著. --北京:气象出版社,2021.3
　　ISBN 978-7-5029-7390-2

　　Ⅰ.①准… Ⅱ.①侯… Ⅲ.①土壤污染—重金属污染
—研究—新疆 Ⅳ.①X53

　　中国版本图书馆 CIP 数据核字(2021)第 030786 号

准东地区降尘-土壤-植物重金属迁移过程及生态效应研究
ZHUNDONG DIQU JIANGCHEN-TURANG-ZHIWU ZHONGJINSHU
QIANYI GUOCHENG JI SHENGTAI XIAOYING YANJIU

侯艳军　著

出版发行:气象出版社			
地　　址:北京市海淀区中关村南大街 46 号		邮政编码:100081	
电　　话:010-68407112(总编室)　010-68408042(发行部)			
网　　址:http://www.qxcbs.com		**E-mail**:qxcbs@cma.gov.cn	
责任编辑:张锐锐　郝　汉		终　　审:吴晓鹏	
责任校对:张硕杰		责任技编:赵相宁	
封面设计:博雅锦			
印　　刷:北京建宏印刷有限公司			
开　　本:710 mm×1000 mm　1/16		印　　张:8	
字　　数:180 千字			
版　　次:2021 年 3 月第 1 版		印　　次:2021 年 3 月第 1 次印刷	
定　　价:58.00 元			

前　言

　　新疆干旱脆弱区面积达 138.69×10^4 km²,占全国土地面积的 14.4%,占新疆土地面积的 83.3%,绝大部分是戈壁、沙漠和荒漠等难以利用的土地,是我国干旱区面积最大、范围最广、发育最典型的干旱区。在全国人口、资源和环境问题日益尖锐,资源保障严重不足的矛盾日益凸显的工业化提速阶段,新疆以其丰富的后备国土资源与能源矿产资源奠定了其在国家宏观发展规划中的战略地位;而严酷的自然条件、脆弱的生态环境、有限的环境生产力和承载力,使特色资源明显、后备资源丰富、开发潜力巨大的绿洲社会经济发展面临诸多的生态瓶颈、环境障碍及高昂的开发成本及巨大的生态风险。

　　新疆煤炭预测资源量为 2.19×10^{12} t,占全国预测资源总量的 40% 以上,居全国第一位。国家已明确"新疆是我国重要的能源资源战略基地",并提出"结合煤电、煤化工等产业发展,稳步建设大型煤炭基地,提升新疆煤炭战略地位",这为新疆煤炭开采利用的跨越式发展创造了难得的历史性机遇。煤炭资源开发的同时也将带来诸多严重的环境问题,其影响范围不仅涉及到矿区,对矿区周边的环境也造成严重的影响。但是干旱脆弱生态系统的矿区退化生态系统治理技术研究甚少,由于强调经济利益,其研究基本处于萌芽状态。因此,急需在前期研究的基础上研发煤炭开采区及周边退化生态系统治理技术研发,开展超大型能源产业带大气降尘的区域生态环境效应研究是十分必要和迫切的。

　　本书在国家科技支撑项目"准噶尔煤炭开采区及周边退化生态系统治理技术研发与示范"资助下完成,针对新疆准东地区发展造成重金属对区域生态环境产生的严重损害的问题,通过对研究区降尘、土壤和植物的野外样本收集,测定降尘、土壤和植物中的重金属含量,分析其来源和时空分布特征,进行污染评价;分析降尘-土壤-植物系统中重金属迁移过程,动态预测重金属未来污染程度;结合遥感手段,分析降尘-土壤-植物系统中重金属对区域生态效应。

　　本书在撰写过程中,得到新疆大学资源与环境学院丁建丽教授、吕光辉教授、师庆东教授、张飞教授、杨建军副教授、买买提·沙吾提副教授帮助。感谢实验室韩桂红、阿不都拉·阿不力孜、夏军、依力亚斯江·努尔麦麦提、孙倩、阿尔达克·克里木、高宇潇、阿不都艾尼·阿不里、刘芳、姜红涛、陶兰花、邓煜霖、程翠、宋玉、周梅、杨春、夏楠、胡佳楠、努尔麦麦提江·吾布力卡斯穆、王晓艳、刘科

1

尧、张雅丽、古丽扎提·艾买提在采样与实验过程中的帮助。

本书可供地理学和环境科学及相关专业领域的研究人员、高校教师、研究生和高年级本科生阅读,也可作为公众和相关领域的决策者提供参考。

侯艳军

2020 年 11 月

目　　录

第1章 绪 论

1.1 研究背景和意义

1.1.1 研究背景

1. 《国家中长期科学和技术发展规划纲要（2006—2020 年）》确定，对大规模煤炭开采引起的区域环境污染的研究与治理，是近期重点研究的科学问题。

上述国家发展规划纲要提出：环境的重点研究问题是"开展矿产开采区开采工作、解决干旱区流域水土流失、动态监测荒漠-绿洲过渡带等典型生态脆弱区退化生态系统并研发修复重建技术系统"。这为准东地区能源产业带大气降尘胁迫下的区域生态环境效应评价、监测及修复研究指明了研究总方向。

2. 开展超大型能源产业带大气降尘的区域生态环境效应研究是新疆实现跨越式发展的需求和全国援疆工作的要求。

本研究符合国家和新疆维吾尔自治区科技发展的战略目标，是贯彻落实科学发展观、实现国家可持续发展战略和促进新疆"资源开发可持续和生态环境可持续"所急需的国家战略发展科研任务。

新疆干旱脆弱区面积达 138.69×10^4 km²，占全国土地面积的 14.4%，占新疆土地面积的 83.3%（极端干旱区占 28.8%，干旱区占 36.7%，半干旱区占 23.2%），其绝大部分是戈壁、沙漠和荒漠等难以利用的土地，是我国面积最大、范围最广、发育最典型的干旱区。在全国人口、资源和环境问题日益尖锐，资源保障严重不足日益凸显的工业化提速阶段，新疆以其丰富的后备国土资源与能源矿产资源奠定了其在国家宏观发展规划中的战略地位。而严酷的自然条件、脆弱的生态环境、有限的环境生产力和承载力，使特色资源明显、后备资源丰富、开发潜力巨大的绿洲社会经济发展面临诸多的生态瓶颈和环境障碍，以及高昂的开发成本和巨大的生态风险。开展超大型能源产业带大气降尘的区域生态环境效应的研究不仅可为新疆生态环境整治提供技术支撑，为新疆科学发展提供依据，也是新疆跨越式发展起步阶段的迫切需求。

3. 开展超大型能源产业带大气降尘的区域生态环境效应研究，是《新疆维吾尔自治区科学技术发展第十二个五年规划》任务内容。

上述新疆"十二五规划"中提出"充分运用到新疆的资源优势与环境特征，结合国家及内地省市支持，加强新疆生态脆弱环境下的资源开发的科技创新能力建设，提供有利条件支持资源勘查开发关键技术和生态环境保护技术研发，提供科技支撑服务能源矿产基地建设和生态环境保护治理，保障新疆的可持续发展"的相关内容，准东地区能源产业带大气降尘胁迫下的区域生态环境效应评价、监测及修复研究将促进新疆资源开发和生态环境的可持续发展。

4. 脆弱生态系统研究是新疆可持续发展必须解决的问题和科学研究的需求。

新疆已进入了跨越式发展阶段，环境退化的治理是其不可缺少的一部分，也是保障新疆经济可持续发展的一条重要途径。因此，研究新疆脆弱生态综合整治对解决生态脆弱区环境退化问题有着重大的意义。在新疆进入跨越式发展的过程中，极易造成短期过度开发和破坏性开发，这可能会给新疆地区带来短期的效益，实现新疆"跨越式"发展的短期目标。同时，这也会严重影响该地区的可持续发展，严重影响国家对新疆地区的战略布局，这关系到人民群众切实利益。

干旱区属于生态环境脆弱区，生态环境问题日益突出，国际研究计划已给予广泛关注。新疆生态脆弱区位于欧亚大陆腹地，长期的大陆性干旱气候和山盆相间的地貌格局影响着新疆较脆弱的生态环境，日益剧烈的人类活动加速了生态环境的恶化。近期高强度、大规模的人类活动使得新疆环境和资源受到了严重损害，突出的生态环境问题制约了新疆经济社会的发展，成为了必须解决的科学问题。这些问题包括矿产资源开发中的环境破坏、水土流失、荒漠化加剧、荒漠-绿洲过渡带缩减、草地退化等，是新疆可持续发展必须解决的问题，也是生态环境学科面临的前沿科学问题。

新疆生态环境建设不仅需要对脆弱条件下生态环境变化规律进行研究，对综合整治技术和资源利用技术进行开发，也需要研究科学的生态环境管理政策和制度。只有确立可持续发展理念，正确处理社会经济发展与环境的关系，加强制度创新和机制建设，才是实现新疆经济、社会、生态环境的可持续发展的根本保障。

5. 开展超大型能源产业带大气降尘的区域生态环境效应研究，为新疆成为国家重要能源资源战略基地及其可持续发展提供科技支撑。

新疆煤炭预测资源量约为 2.19×10^{12} t，占全国预测资源总量的40%以上，居全国第一位。国家已明确指出"新疆是我国重要的能源资源战略基地"，并提出"结合煤电、煤化工等产业发展，稳步建设大型煤炭基地，提升新疆煤炭战略地位"，这为新疆煤炭开采利用的跨越式发展创造了难得的历史性机遇。

煤炭资源开发的同时，也将带来诸多严重的环境问题，其影响范围不仅涉及到矿区，对矿区周边的环境也将造成严重的影响。但干旱脆弱生态系统的矿区退化生态系统治理技术研究甚少，由于强调经济利益，研究基本处于萌芽状态。因此，急需在前期研究的基础上开展煤炭开采区及周边退化生态系统治理技术研发；超大型能源产业带大气降尘的区域生态环境效应研究也是十分必要和迫切的。以上研发和研究工作可为"资源开发可持续和生态环境可持续"的新疆跨越式发展提供技术支撑。

1.1.2　研究意义

1. 通过研究研究区大气降尘的时空分布，能够丰富大气降尘循环过程的理论基础；通过研究区域内降尘-土壤-植物系统重金属分布、来源和污染评价，可以科学地评价大型露天煤矿开采和工业活动产生的重金属污染问题。以上研究结果可为我国西部大型能源产业带在重金属的环境损害研究中提供较科学的理论依据。

2. 通过分析降尘-土壤-植物系统重金属迁移过程，可以准确确定重金属在 3 个系统中迁移和运移的方式和速度，未来降尘输入而导致土壤重金属含量增加的程度及其对区域生态环境的影响。研究结果可为研究区开展重金属治理和生态修复提供理论依据。

3. 通过遥感手段获取区域内植物生物量，可以掌握区域生态环境状况。分析降尘-土壤-植物系统中重金属对植物生物量的影响程度，有效确定不同重金属对植物生长的胁迫程度，能够为研究区选择适宜的植物进行生态修复提供理论依据。

4. 针对准东地区发展所造成的重金属对区域生态环境的严重损害问题，本研究收集了研究区降尘、土壤和植物的野外样本，测定了降尘、土壤和植物中的重金属含量，分析其来源和时空分布特征，并进行污染评价分析。

在上述研究的基础上，本研究还分析了降尘-土壤-植物系统中重金属的迁移过程，动态预测了重金属未来的污染程度。并结合遥感手段，评估了降尘-土壤-植物系统中重金属对区域生态环境的影响。

1.2　国内外研究现状

1.2.1　大气降尘研究现状

1. 大气降尘概况

大气降尘是指粒径大于 10 μm，通过自身重力降落到地表的空气颗粒物。在无风条件及降水冲刷的作用下，某些粒径小于 10 μm 的颗粒物（气溶胶）也能够降落到地表，所以广义的大气降尘也包括粒径小于 10 μm 颗粒物[1]。依据空气颗粒物降落到地表时的地气环境特征，可将大气降尘分为沙尘天气与非沙尘降尘，干、湿降尘，大风与无风降尘三类[2]。从地球系统来看，大气圈、陆地地面和海洋间的物理和生物化学交换过程中，地表起尘和大气降尘承担着重要作用；地质历史时期以来，上述交换过程未经间断[3]。随着大气降尘监测技术与手段的完善，我们可以准确分析大气降尘的理化特征，还可以进一步判断大气降尘的来源地、迁移的路径与方式[4]。确定大气降尘在地气系统物质交换过程的机制、规模及在全球变化中的影响，研究降尘过程以及降落物，对正确认识黄土的堆积和演化进程及活动对干旱区沙漠化的影响有着深刻的理论和实践意义[5]。

2. 大气降尘研究内容

研究大气降尘通常包括：大气降尘的理化特性、尘粒物质来源解析以及大气降尘的循环过程等分析。

（1）理化性质

降尘的理化特征包括沉积速率、粒度分布、化学及矿物组成等。尘粒物的理化特性对于降尘传输机制和环境效应具有重大影响。

1）粒度：粒度是指降尘颗粒物质的大小，与颗粒物的性质密切相关。降尘颗粒物的粒度组成与大气动力学环境密切相关，不同粒度的颗粒被风卷起时的启动风速各不相同，在大气环境中的被搬运的方式也有差别。研究表明，颗粒运移的最大距离与颗粒直径的四次方成反比；实验结果表明，粒径小于 5 μm 的黏粒一旦被风扬起，可以悬浮于对流层中被搬运到上千千米之外[2]。近年来对城市降尘研究比较充分[6-8]。例如李令军等[9]对北京清洁区大气降尘的研究表明，大气颗粒物粒径越大，季节变化愈显著，局地特征愈明显。研究不仅关注降尘的粒度特征，也关注沙尘天气中降尘的粒度特征。李玉霖等[10]通过比较兰州市沙尘天气降尘与非沙尘天气降尘的粒度特征，表明非沙尘天气降尘中粗颗粒物质含量较少（以粉沙为主），呈双峰分布特征；沙尘天气颗粒物中粗沙含量增多（集中于 16～30 μm），细粉沙比例大幅下降。两种降尘情况的粒度参数较接近，都属于正偏态曲线、分选差、呈尖窄峰类型。管清玉等[11]在兰州市尘暴期间的研究表明，粉沙是这一地区自然降尘与沙尘暴天气的主要组分，尘暴样本为三峰分布模式，具有向粗、细颗粒区间延伸的特点。

2）沉积速率：降尘的沉积速率可以定义为在单位时间和单位面积沉积的粉尘量。从干旱区到湿润区沉积速率一般是呈递减趋势[2]。沉积速率与具体的降尘监测方法和观察地点有关，因而不是绝对不变的常数。已有研究表明沙尘暴期间的降尘速率多分布在 0.3～1 g/(cm² · h)。张正偲等[12]分析了腾格里沙漠近地层沙尘的水平通量与降尘量高度的变化特征，研究表明沙尘水平通量与高度具有指数函数关系，降尘量与高度也有类似关系，近地层沙尘水平通量与降尘量具有正相关关系，因此可以根据沙尘量水平通量估算降尘量。Liu 等[13]通过分析兰州附近沙尘暴期间降尘沉积速率发现，短期内沉积速率随时间呈指数形式的递减关系。

3）化学和矿物组成：不同源区的降尘具有不同的化学和矿物组成特征。一般可从无机与有机组分两方面考虑。无机组分范围广泛，包括表层土壤富含的以氧化物形式表示的各种地壳组成元素、各种痕量金属元素[14]、可溶性无机离子[15]以及各类矿物成分[16]。陈天虎等[17]用 TEM 观测了合肥地区大气降尘各种矿物物象组成和形貌特征，为降尘观测提供了一种有效方法。有机组分包括各种有机酸、挥发性有机物、多环芳烃、各种醇类以及醛酮。对于降尘化学元素的分析研究已比较全面[18-23]。

（2）尘粒物质来源解析与大气降尘循环过程

从 20 世纪 80 年代以来，国际上 ACE-Asia、ADEC 等重大项目陆续开展粉尘循环课题的研究[24-25]。释放和沉积是粉尘循环的相互关联过程。只有通过研究上述过程的物理机制及影响因素，才可以定量化其发生和发展，最终认识这三个过程。目前较流行的全球粉尘模型和区域性的粉尘模型耦合了大气、陆面、海洋、地表交换过程，以及有关的陆面参数库。但是，目前很大的一个问题是模拟边界表面的粉尘通量，主要指粉尘释放和沉降，同时参数化上传两个过程。解决这个问题需要做大量的挑战性工作，涉及较多环境因素及其动态过程[26-27]。

1.2.2　重金属来源和评价研究

重金属以各种形式和形态存在于自然环境中，并在大气、土壤、水体和生物界不断迁移、转化和富集。如何解析重金属来源，是必须解决的一个科学问题，国内外学者已做大量重金属来源的相关研究。

作为研究降尘的一个重要方面，源解析技术近年来不断完善[28]，其应用范围从环境监测到地化分析几乎无处不在。灵活运用各种源解析技术分析降尘物质的来源，对于大气污染治理以及全球环境变化监测都具有重要的意义。源解析技术主要包括尘样物质（元素）来源定性识别与源定量贡献两个方面，研究技术主要集中于受体模型分析以及同位素示踪。受体模型是通过研究分析区域（受体）降尘颗粒的理化特性，从而区分出尘样物质的不同来源，进而得到不同源对受体的贡献值的一种源解析技术，主要包括显微分析法和化学分析法[29]。因子法（EF）广泛用于分析大气颗粒物中元素的来源与富集状况[30]。元素富集因子法得到的结果与实际情况不符合，需要结合样本颗粒物组成比例与采样高度综合分析[31]。因子分析法在大气降尘的源解析方面也得到了广泛的应用[32]。Karar 等[29]运用因子分析法对印度地区 PM₁₀ 颗粒中各种金属元素的来源进行分析，结果表明人为产生的固体废物、汽车尾气、地表起尘和土壤尘粒代表了其来源。周来东[30]运用目标变换因子分析对成都市大气飘尘的源解析表明，主要排放源为道路交通尘、冶金尘、垃圾焚烧烟尘以及燃煤飞灰。当前在判定大气颗粒物来源上应用最多而最广的模型是化学质量平衡（CMB）受体模型[33-37]。对于大气降尘中的某些特定元素（例如 Pb、Sr），在分析其可能来源时，同位素示踪技术就显示出其独特的优越性。朱赖民等[34]通过 Pb 同位素示踪技术分析研究北极楚科奇大气中 Pb 的来源，研究发现该地区大气降尘中 Pb 主要由人类工业活动产生的污染 Pb 与大陆粉尘或海洋的自然环境产生的 Pb 的输入而来。

土壤中重金属有多种来源途径，主要来源有成土母质的输入和人为活动的输入。人为活动对土壤重金属的影响主要有：污水导致土壤重金属输入[38-39]，大气降尘导致土壤重金属输入[40]，固体废物导致土壤重金属输入[41]，农资物导致土壤重金属输入[42]。植物体内重金属的来源主要有根系对土壤重金属的吸收[43]和茎、叶对降尘重金属的吸附[44]。

于洪[45]对乌鲁木齐大气降尘重金属污染进行了研究，发现在降尘中功能区不同元素的污染程度是有差异的，其中 Cd 在四个功能区的潜在生态危害程度高，而 Zn、Cu、Cr 则表现为低潜在生态危害程度。李如忠等[46]通过对铜陵市灰尘污染健康程度进行研究，发现灰尘中的 As 是主要致癌因子。李萍等[47]发现兰州市大气降尘中 Cd 污染最严重，且无 Cr 污染。李山泉等[48]发现南京大气降尘中 Cu 和 Pb 是导致生态危害的关键元素。

姚峰等[49]通过对新疆五彩湾露天煤矿区内土壤重金属的污染评价发现：煤矿的开采和其他人类活动使得区域内 Cr 污染较其他重金属元素严重。夏军[50]对新疆五彩湾露天煤矿附近土壤重金属的污染评价发现：露天煤矿开采区附近约 78% 的土壤采样点受到不同程度的 Hg 污染，极强度污染样点的比例为 10%，0~10 cm 土壤层 Hg 污染更严重。曾强等[51]对新疆地下煤火区内重金属污染评价发现：地下煤火区土壤重金属具有极强的潜在生态风险，Hg 为主要污染源。厉炯慧等[52]对海宁市电镀工业园周边土壤重金属评价发现：研究区土壤平均重金属污染程度较低，总体存在轻微生态危害，然而部分采样点土壤重金属超标，存在中等程度的生态危害，其中 Cd 的生态危害最大。

鲁荔等[53]对四川省大邑县铅锌矿区附近蔬菜重金属污染分析发现：9 种蔬菜中 Pb 和 Cr 均超标，部分蔬菜中还存在 Zn 和 Cd 超标，这危害到了附近居民的健康。周骁腾等[54]对中药材当归中的重金属进行健康风险评价发现：9 个采样点中有 5 个采样点当归的危害指数大于 1，存在着重金属含量过高问题。

1.2.3 重金属的迁移过程研究

大气降尘不同组分对地表系统产生的影响是有差异的，地表生态系统中有些营养元素来源于大气降尘。大气中的部分 SO₂、NO₂ 以及金属元素（Na、K、Ca、Mg 和 Pb、Cd、Zn 等）均由大气降尘带入土壤或水域中[55]，造成了土壤酸化并会引起其他反应，地表生态系统由于大气降尘元素的输入而发生了变化[56]。张乃明[57]计算出太原市大气降尘下 Hg、Cd 和 Pb 的土壤系数重金属累积的年输入量分别为 4.48 g/(hm² · a)、6.34 g/(hm² · a) 和 349.4 g/(hm² · a)。赖木收等[58]研究得出太原市大气降尘落到土壤中的重金属含量排序由大到小依次是：Pb＞As＞Cd＞Hg。

刘晓文[59]研究河西走廊土壤-植物系统中重金属的迁移过程发现：Cu 和 Ni 易于在小麦根部积累，而 Zn 易于在小麦籽粒中积累。甘国娟[60]研究湘中工矿区附近土壤-水稻系统中重金属迁移过程发现：水稻对不同母质土壤重金属的迁移系数和累积系数存在着差异，各元素规律不一。

刘玉萃等[61]分析了郑州市国道边 Pb 在大气-土壤-小麦系统中的迁移发现：大气中 Pb 含量受到车流量的影响，土壤与小麦中 Pb 含量与国道距离有较大相关性，小麦根系可以从土壤中富集 Pb，叶片、麦穗可从大气中直接吸收部分 Pb。

1.2.4　重金属的生态环境效应研究

植物叶片上的大气降尘的颗粒物覆盖了叶片的表面，使得植物光合和呼吸作用受到抑制。地表上大气降尘的颗粒物使得土壤的酸碱性和养分状况发生了改变，上述现象会影响到植物的生长并改变其生物量[62]。降尘对植物、人类和环境的影响研究在近年来才得到关注。Malle 等[63]通过研究爱沙尼亚水泥尘对苏格兰松树的影响，发现土壤受到水泥尘的影响而碱化，导致松树的生物量降低。Kumar 等[64]通过研究水泥粉尘对周围植物的影响，发现植物生长受到水泥粉尘中重金属的抑制，植物生长受限。Nanos 等[65]在植物叶片上撒水泥粉尘进行控制实验，研究发现，叶片粉尘含量能够影响叶片叶绿素比率、光合速率和光量子产量。不同类型降尘对植物的影响也在中国得到了研究。李媛媛等[66]通过在高羊茅上撒不同类型降尘的控制实验，研究发现降尘降低了高羊茅的相对含水量和叶绿素含量，提高了超氧化物歧化酶活性和过氧化氢酶活性。王曰鑫等[67]通过研究含 As 的煤尘对下风处生长的玉米的影响，发现玉米叶片和籽粒中 As 含量增加了 2～3 倍，且光合速率降低。刘俊岭等[68]通过研究水泥粉尘对植物的影响，发现水泥粉尘降低了植物的蒸腾速率和光合速率，农作物产量有小幅下降。

土壤酶活性能够反映土壤生物地球化学过程，并且对重金属的敏感性高。因此，土壤酶活性的变化情况是探讨重金属污染生态效应的有效途径之一。关于土壤重金属污染对土壤酶活性和植被生长方面的影响，国内外开展了大量研究。刘树庆[69]对污灌区土壤重金属的研究表明，重金属抑制了土壤酶活性，尤以脲酶、转化酶、过氧化氢酶降低程度较大。王广林等[70]对芜湖市北郊冶炼厂附近水稻田中的重金属进行研究，表明 Cu 和 Zn 污染对土壤过氧化氢酶、脲酶和蔗糖酶活性都有不同程度的抑制。Pan 等[71]通过室内培养法研究了添加重金属对于土壤酶活性的影响，结果表明，添加重金属的土壤中脲酶活性、脱氢酶活性显著低于未添加重金属的对照土壤。

土壤中重金属元素对植物的生长发育可产生较大影响。研究显示土壤中低浓度的 Cd 胁迫可在一定程度上促进植物的生长，但高浓度的 Cd 胁迫对植物生长有抑制效应[72]。Angelova 等[73]研究证明，Pb、Cd 和 Zn 的复合污染可以促进油菜根和叶对三种重金属离子的吸收，消除 Zn^{2+} 对 Cd^{2+}、Pb^{2+} 对 Zn^{2+} 的拮抗影响。Sun 等[74]研究证明，As 的加入不会对 Cd 富集植物龙葵的株高和干重产生影响，但会导致其茎中 Cd 富集量增加 28%。

我国大规模开矿活动促进了遥感技术在矿区生态环境监测的广泛应用。周春兰[75]应用遥感技术提取了攀枝花宝鼎煤矿区的土地利用信息并实现了生态环境的动态监测。侯鹏[76]对应用遥感技术提取了矿区的水体、植被、大气等环境要素，同时评价了矿区的生态环境质量。马保东[77]通过应用光谱和热辐射提取方法，监测了矿区地表水体和煤堆固废占地变化的情况。刘圣伟等[78]以江西省德兴铜矿为研究区，通过遥感手段提取了植物生长状况，发现严重污染的植被分布在研究区的矿石堆、尾矿区。Lei 等[79]以神东煤矿为研究区，运用遥感技术分析了由于开采活动和生态修复导致植被发生的时空变化。Zhang 等[80]利用高光谱遥感数据监测了矿物、植物污染状况。赵汀[81]利用遥感和 GIS 技术对江西德兴铜矿环境进行监测和评价。陈伟涛等[82]从不同遥感监测手段总结了矿区开发和生态环境的研究现状与问题。孟淑英等[83]研究并建立了一套应用光场、热场和微波场的环境调查技术。吴昀昭[84]探讨了土壤重金属元素与反射光谱的关系，进行了土壤重金属元素光谱预测机理的研究。石占飞[85]对神木矿区土壤重金属污染及其潜在风险进行了评价，并分析了矿区植被群落特征。

1.2.5　存在的问题

1. 从降尘的研究区域来讲，研究城市和道路区域较多，涉及大型露天煤炭开采区极少。

2. 重金属研究多以降尘、土壤和植物单个或两者的研究为主，系统分析三者间重金属迁移过程的研究较少。

3. 前期研究重金属生态效应，主要注重对土壤、植物和人类的微观分析为主，缺少从区域尺度分析重金属对大范围的生态效应研究。

1.3　研究目标和内容

1.3.1　研究目标

以新疆准东地区降尘-土壤-植物系统重金属迁移过程及对区域生态环境的损害

为研究对象，利用气候学、环境科学、生态学、水文学、土壤学等学科理论知识和"3S"技术，从降尘、土壤和植物野外收集与测定入手，分析降尘时空分布特征，判定降尘-土壤-植物系统重金属空间分布特征、来源及污染状况，分析重金属元素在降尘-土壤-植物系统迁移过程，动态预测重金属未来污染程度，结合遥感技术分析降尘-土壤-植物重金属对区域的生态效应。

1.3.2 研究内容

针对准东地区发展造成重金属对区域生态环境产生的严重损害的问题，通过对研究区降尘、土壤和植物的野外样本收集，测定降尘、土壤和植物中的重金属含量，分析其来源和时空分布特征，并进行污染评价。在上述研究的基础上，分析降尘-土壤-植物系统中重金属迁移过程，动态预测重金属未来污染程度。并结合遥感手段，分析降尘-土壤-植物系统中重金属对区域生态效应。主要研究内容如下：

1. 降尘时空分布特征

通过野外降尘收集器的架设，定期收集降尘，分析大气降尘通量的空间分布特征和时间变化特征。

2. 降尘-土壤-植物重金属来源、分布和污染评价研究

分析降尘-土壤-植物重金属统计特征，运用相关性和因子分析法确定重金属的来源，通过空间差值得到重金属元素的空间分布图，分析其空间特征。运用单因子指数法、综合污染指数法、内梅罗综合污染指数法、地累积指数法和潜在生态危害指数法来分析研究区降尘、土壤和植物重金属污染状况。

3. 降尘-土壤-植物重金属迁移过程

分析降尘重金属沉降特征，降尘重金属对土壤重金属的积累贡献，预测未来降尘输入后土壤中金属元素含量的变化状况，判断植物内部重金属的转移特征和对土壤重金属的富集能力。

4. 降尘-土壤-植物重金属的生态效应

建立研究区生长期植物生物量的遥感估算，运用典型分析降尘-土壤-植物重金属对植物生物量的影响。

1.4 研究思路

技术路线流程见图 1.1。

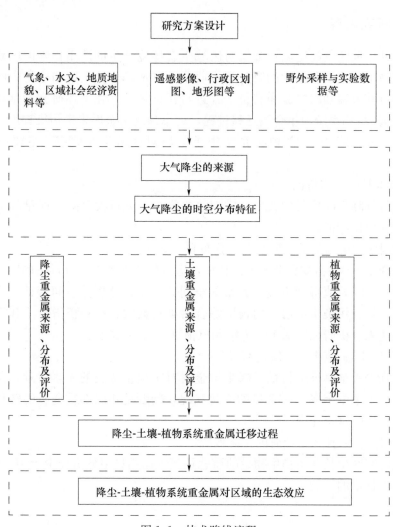

图 1.1 技术路线流程

第2章 研究区概况

2.1 地理位置

研究区位于新疆准噶尔盆地东南部，西起昌吉州阜康市东界，东到昌吉州木垒县老君庙，北至昌吉州北部界卡拉麦里山南麓，南接古尔班通古特沙漠北缘，位于新疆昌吉州阜康市、吉木萨尔县、奇台和木垒境内，地理位置88°36′～90°10′ E，44°10′～45°10′N，东西长约220 km，南北宽为60 km，总面积约15000 km²。

2.2 自然条件

2.2.1 地形地貌

研究区位于古尔班通古特沙漠南缘，北接卡拉麦里山，南靠近天山山脉，地势较为平缓、北高南低，海拔高度在450～1100 m，相对高度相差650 m。

研究区地貌类型主要有冲积湖积平原、风积沙漠、剥蚀残余丘陵、剥蚀波状平原。研究区北部地貌主要为剥蚀波状戈壁平原和剥蚀残余山体，基本无农田，草地和林地少；南部地貌主要为天山洪积平原，农田、草地和林地面积较大，分布在平原绿洲内；中部地貌主要为风积沙漠，主要有风积沙地和沙丘等。

2.2.2 气候特征

研究区地处欧亚大陆腹地，属典型大陆性干旱半干旱气候，气温季节差异明显，冬季低温寒冷，夏季高温炎热。年平均气温为3 ℃，年内平均气温最高在7月，平均值为37.7 ℃，极端高温值达到41.2 ℃；年内平均气温最低在2月，平均值-29 ℃，极端低温值达到-49.8 ℃，年均温日较差12～14 ℃。大气透明度高，太阳年总辐射量约565 kJ/cm²，年日照时数约3000 h。10 ℃以上活动积温3000～3500 ℃，持续150～170 d，无霜期为100～135 d。

研究区干旱少雨，且降雨分布不均。年均降水量为183.5 mm，年均蒸发量为2042.3 mm。夏季降水明显高于冬季，7月降水最多，约为39 mm。冬季有稳定积雪，冬春降水量占年总量30%～45%。夏季局部地区降水集中，易发生洪水，诱发泥石流灾害。

研究区风力资源丰富，风力多年平均为 4～5 级，多年平均风速为 3 m/s，风力有时可达 7～8 级，最大风力在 10 级以上，最大风速可达到 16 m/s，10 级风力以上伴有沙尘暴。研究区全年主导风以西北风为主，区域内主导风向有差异：五彩湾矿区主导风为西北-东南风；将军庙矿区主导风为偏北风；大井矿区主导风为西北—西风；老君庙矿区主导风为偏西风。多年月平均风速表现为：春季大，冬季小；大风日每年 50～80 d，风害常发生在春秋两季。

2.2.3 水文特征

研究区属于干旱半干旱荒漠区，地表水资源严重匮乏，无常年地表水流，亦无泉点出露。东天山北坡冰川补给量极小，在春季融雪和夏季强降水后，形成季节性冲沟。准东地区用水主要由额尔齐斯河流域大型水利工程"500"东延供水工程和周边县市分配用水供给，准东工业园区中五彩湾和将军庙事故备用水池已修建完成。

研究区地下水富水性弱，且类型单一，属缺水区。地下径流非常微弱，地下水靠蒸发，蒸腾排泄，属垂直交替带。准东地区地下水总可开采量为 4.062×10^9 m³，年总开采量为 3.41×10^9 m³。研究区西部地下浅层 200 m 内无地下水可采，五彩湾矿区平均地下水水平在 540 m 左右，有个别水井深度为 600 m，可开采以供工业和生活所需。现有自流井水质中挥发性酚和硫酸盐含量较高，地下水其他各监测因子评价指数均小于 1，满足《地下水质量标准》（GB/T 14848—2017）中的Ⅲ类标准要求，地下水矿化度高，需要净化后才能够使用。研究区东部的芨芨湖镇地下水位相对较高，生活和工业需水主要由距其南部 1 km 的地下水井提供，井深 34 m。

2.2.4 土壤和植被特征

研究区土壤类型主要为灰棕漠土、石膏灰棕漠土、荒漠风沙土和荒漠碱土，土壤种类少，发育程度缓慢。表层土壤含水量在 10% 以下，有机质质量分数在 2% 以下，土壤肥力差。北部土壤类型符合土壤垂直地带性分布规律，主要影响因素为温度；南部土壤类型主要为棕钙土、盐碱土，主要影响因素为地下水位和人类活动；中部土壤类型主要为荒漠风沙土。土壤侵蚀以风力侵蚀为主，侵蚀强度总体呈由南向北增强的趋势，土壤风蚀状况较明显。

受多风、降雨量小、蒸发量大等气候因素影响，地表植被十分稀疏，物种也十分单一。南部山区植被覆盖度高，主要由雪岭云杉和低山草甸组成；中部和北部山区由超旱生小半灌木、灌木、盐柴类、蒿类半灌木等一年生草木组成。分布在荒漠沙地的有梭梭（*Haloxylon ammodendron*）、柽柳（*Tamarix chinensis*）、蛇麻黄（*Ephedra distachya*）、芦苇（*Phragmites australis*）、盐生草（*Halogeton glomeratus*）等；分布在砾石戈壁的有琵琶柴（*Reaumuria soongarica*）、盐生假木贼（*Anabasis salsa*）、白刺（*Nitraria tangutorum*）、盐爪爪（*Kalidium foliatum*）、角果藜（*Ceratocarpus arenarius*）等；研究区人工绿化植物主要为榆树（*Ulmus pumila*），农田主要作物有小麦（*Triticum aestivum*）、玉米（*Zea mays*）、草棉（*Gossypium herbaceum*）等。

2.3　社会经济

　　研究区地处荒漠戈壁地区，人口稀少，近年随着露天煤矿的开采和大批工厂的建立，才形成常驻人口区。根据《新疆准东经济技术开发区总体规划（2012—2030)》和《新疆城镇体系规划（2012—2030)》，准东地区将设立准东市，2030年人口达到45万，西部五彩湾城镇人口达到25万，东部芨芨湖城镇人口达到20万。

　　根据《新疆准东经济技术开发区总体规划（2012—2030)》，研究区形成了以实现资源的高效、清洁、高附加值转化为方向，大力发展煤电、煤电冶一体化、煤化工、煤制气、煤制油、新兴建材等6大支柱产业，扶植培育生活服务、现代物流、观光旅游等潜力产业，从而构建1个以煤炭转化产业为支柱，以下游应用产业为引领，沙漠产业与现代服务业相互支撑的绿色产业体系。

　　根据《新疆准东经济技术开发区总体规划（2012—2030)》，研究区产业空间结构为"一带两区，双心九园"的空间模式。"一带"即沿准东公路横向产业发展带，"两区"即西部产业分区和东部产业分区，重点发展以煤炭资源转化利用为主的煤电、煤电冶一体化、煤化工、煤制气、煤制油和新兴建材等产业。"双心"指五彩湾生活服务基地和芨芨湖生活服务基地，规划发展居住生活、休闲娱乐、新兴物流、商务办公、教育培训、旅游服务和零售服务等现代服务业。"九园"即规划建设9个综合产业园区，分别为火烧山、五彩湾北部、五彩湾中部、五彩湾南部、大井、将军庙、西黑山、芨芨湖和老君庙等9个产业园区。

第3章 新疆准东大型露天煤矿开采
对生态环境的影响

我国矿产资源丰富，煤炭储量位于国际前列。煤炭是我国主要的消耗能源，在国民经济中起着重要作用。随着经济的飞速发展，有着开采规模大、成本低、生产安全、可靠，资源回收率高等明显优势的露天煤矿开采，占据了越来越重要的地位[86]。准东煤田是目前我国最大的整装煤田，其发展目标是"煤海新城，世界铝都"，打造世界级的以煤炭、煤电、煤电冶、煤化工为重点的煤炭资源综合利用产业聚焦区、国家战略型能源开发综合改革试验区。准东煤田处于我国西北内陆干旱荒漠地区，生态环境本就比较恶劣，高强度、大规模的露天煤矿开采会加剧区域生态环境的恶化，如何正确评价露天煤矿开采对区域生态环境的影响，协调露天煤矿开采与生态环境保护的关系，是实现区域可持续发展迫切需要解决的问题。该领域的研究可以为露天煤矿开采过程中的环境监测、管理和防治提供科学依据，为区域生态环境的修复提供依据，为"资源开发可持续、生态环境可持续"的战略实施提供理论基础和方法指导[87]。

准东煤田单层煤最厚可达 80 m，可采煤层平均厚度 43 m，丰厚度值高达 5×10^7 t/km^2，其煤层稳定性好，埋藏较浅，易于开采，主要由五彩湾（原新疆准东煤田西部矿区）、大井、西黑山、老君庙和将军庙等五大矿区组成。五彩湾矿区东部、大井矿区西部和东部、西黑山矿区中东部四个区域约 6×10^9 t 煤炭资源具备露天开采条件，煤炭储量占全国储量的 7%。随着煤炭资源的大规模开发，进行煤炭开发、煤电煤化工和煤电铝等工业生产的神华、湖北宜化、东方希望等大型企业陆续入驻准东地区。

准东地区隶属于新疆准东经济技术开发区，属国家级经济技术开发区，其西北部建有五彩湾煤电煤化工产业带，中部、东部亦散布将军庙煤化工产业带、北山煤化工园区、大沙丘煤电园区等工业园区，且开发区工业区在进一步建设完善过程中。准东露天煤矿的开发对推动新疆经济结构的战略性调整和促进地方经济持续发展具有显著的影响[88]。

东煤田地处卡拉麦里山前戈壁荒漠带，生态环境非常脆弱。根据新疆生态功能区划，准东煤田地区生态环境主要敏感因子为生物多样性及其生境高度敏感、土壤侵蚀极度敏感、土地沙漠化及土壤盐渍化高度敏感。土壤侵蚀以风蚀为主，沙漠化程度严重。

大型露天煤炭资源的开发对脆弱的生态环境具有强烈的破坏性，会改变区域生态环境，甚至造成生态系统不可恢复的破坏[89]。开采活动首先破坏生态系统的大气、土壤和水等物理环境，进而影响植物生态系统的形态和结构，最终损害生态系统整体功能[90]。

露天煤矿开采主要导致地表景观破坏（即地形地貌和土地利用的变化）、环境质量的变化和生物群落的破坏，尤其对植被和土壤微生物破坏作用明显。

3.1　准东露天煤矿开采导致景观破坏

3.1.1　地形地貌变化

准东地区地表类型有山地、丘陵、戈壁和沙漠，地貌类型多样，煤炭资源的大规模开发利用对区域总体地貌影响较小。准东地区未开发前（2004 年），戈壁、裸岩石砾地和沙地面积之和占该地区总面积的 88.56%，开发后（2013 年）为 87.78%，减少了 0.78%[91]。准东地区煤炭开采主要改变区域小地貌与微地貌形态，其北部地区煤炭开采方式主要是露天开采，露天矿区面积可达数十平方千米，而且深度不断加深，留下的大量开采矿坑造成地表沉陷，排土场的堆积又会造成地表抬升，导致地势起伏加重，造成地表凸凹不平。准东地区南部煤炭开采方式主要是房柱式，虽然没有引起地表变形，但在地震和降水影响下，会引发地质灾害，使地表出现裂隙、塌陷，造成土地沉陷[92]。

3.1.2　土地利用变化

准东地区土地类型按照《土地利用现状分类》（GB/T 21010—2017）分类，主要有沙地、盐碱地、裸地、植被、采掘区、排土场、建设用地和水域。耕地主要分布在准东地区南部平原地区，沙地主要分布在中、西部，裸岩地、裸地主要分布在北部、东部的山地丘陵地区，草地、采矿用地零散分布在研究区内[93]。准东地区的开发建设不可避免地破坏了原有土地与植被资源，开采过程中工业场地及附属建筑物、公路、铁路、供排水和供电线路的建设等对土地的挖损和压占会直接损毁土地，改变原有土地利用类型，影响区域景观格局[94]。准东地区草地面积大规模减小，保护区范围也在日益减少，随之而来的是工矿用地的增加和沙化、荒漠化土地面积的增加[95]。1976—2016 年裸岩地和沙地面积呈现逐渐下降趋势，耕地和采矿地呈现逐渐增加趋势，增幅最大的是采矿用地，空间上耕地呈不规则状的聚集分布态势，采矿用地呈从零星分散向集中连片转变趋势[96]。

准东地区境内有多条交通线路：国道 216 线、省道 228 线、火烧山—彩南油田公路、准东公路和大黄山—将军庙段铁路等，这造成了准东地区自然区划的不完整、景观的破碎化、系统的间断，导致了区域生态系统过渡带的缺失。

3.2 准东露天煤矿开采导致环境质量变化

3.2.1 大气环境变化

准东地区是大规模的露天煤矿开采及煤化工、电力和冶金工业的聚集区，露天煤矿开采及工业活动和交通活动造成了煤粉颗粒、工业废气、扬尘和尾气的急剧增加，使得区域大气颗粒物浓度增加，大气环境恶化。

大气污染源主要是露天采掘场、排土场产生的粉尘，道路扬尘，工业生产废气及煤炭自燃产生的废气等。露天煤矿开采是巨大的周期性污染过程。大气中 SO_2、NO_2 浓度较低，由于准东地区集中大量高耗能企业，2014 年规模以上工业企业排放 SO_2 28061 t，NO_2 20560 t[97]，这导致大气污染物积累，对周边的居民和生态环境产生威胁。2014 年 5 月、7 月、9 月和 12 月准东地区 PM_{10}、$PM_{2.5}$ 的平均质量浓度都未超过日均浓度限值的 I 级、II 级标准；12 月该地区 PM_{10} 和 $PM_{2.5}$ 平均质量浓度最高，分别为 40.45 $\mu g/m^3$ 和 29.65 $\mu g/m^3$，超过了标准规定的年均浓度限值的 I 级标准，12 月空气质量污染最严重[98-99]。各排放源 PM_{10}、$PM_{2.5}$ 日均浓度由大到小排序均为：运煤土路＞运煤道路＞煤化工厂＞排土场[100]。矿区低风速不利于大气污染物的扩散和稀释，较大的风速又会增加扬尘量并扩大扩散影响范围，从而影响卡拉麦里山自然保护区，对保护区的动植物产生不良影响[101-102]。

准东地区煤炭粉尘颗粒物不仅会对大气环境造成污染，降尘同时也会释放污染物进入土壤环境，最终对区域内生态环境产生不利影响。准东地区降尘中的重金属 Zn、Cu、Cr、Pb、Hg 和 As，其含量均值均高于昌吉州的土壤元素背景值，其中 Zn 含量最高；Zn、Cr、As 的含量均值远高于土壤环境质量二级标准限值，且降尘重金属污染受人为活动影响较大[103-104]。土壤元素背景值准东地区降尘中以上 6 种重金属元素的非致癌风险值未超出规定限值，且总非致癌风险值小于 1，大气降尘重金属非致癌风险在安全范围内，基本不会对人体健康造成危害，致癌风险处于人体可耐受范围内；重金属 Pb 无致癌风险，As 则是最主要的致癌因子[105-106]。准东煤矿开采区降尘中共检测到 16 种 2～6 环的多环芳烃（PAHs），降尘中 PAHs 总量在 1.07～8.34 mg/kg；降尘采样点中 PAHs 含量与采样点距煤矿区的距离、相对风向有一定的关系，距离煤矿开采区较近的下风向采样点降尘中 PAHs 总量相对较高，而距离煤矿开采区较远的侧风向、下风向的采样点降尘中 PAHs 总量相对较低[107]。降尘中的 PAHs 主要来源于煤炭、木材和草的不完全燃烧，PAHs 存在潜在的健康风险，对人体健康可能会带来不利影响[108]。降尘中的重金属元素、PAHs 会造成土壤环境的破坏，加重土壤污染并影响植物生长。

准东地区大气环境的主要污染源是粉尘和煤粉颗粒物，其他污染源还包括燃煤污染物、煤矸石自燃产生的污染物和汽车尾气。准东地区扬尘污染源主要有 6 种，其贡献率由大到小排序依次为：煤粉尘（27.72%）＞混合尘（20.16%）＞土壤尘（19.80%）＞道路尘（13.32%）＞工厂排放（9.93%）＞汽车排放（9.07%）[100]。煤层、残煤和煤矸石氧化自燃会产生大量 CO、SO_2 和 CO_x 等有害气体，由于空气扩散作用，污染物污染范围会逐步扩散，从而扩大污染影响区域[94]。

3.2.2　土壤环境变化

准东露天煤矿开采对土壤环境的影响主要集中在地表土和土壤质量两方面。

1. 地表土

准东地区露天煤炭开采改变了地表下垫面，植被也随之减少；开采产生大量的煤炭粉尘，悬浮在空气中，降落到地表造成地表温度上升，准东露天煤矿地表温度在开采后有所升高，地表最高温度由 2005 年的 42.7 ℃上升到 2013 年的 49.2 ℃[109]。

准东地区土地荒漠化且高度敏感，属准噶尔盆地沙漠化轻度危害重要防治区[110]。研究区东北部主要为戈壁和裸露土地，植被覆盖度低；西部与南部地表植被稀疏，沙丘流动性强，生态系统脆弱，土壤稳定性差，土地沙化和水土流失严重。准东地区从 2005 年后进行了大规模的建设与生产，建设过程中造成了水土流失；建设完工后，有些项目仍存在开挖地表、取土（石、料）、弃石、弃渣等生产活动，也会造成水土流失[111]。以神华准东五彩湾三号露天煤矿为例，服务年限为 63a，期间将产生剥离弃土共计 $7.55×10^9$ t，排弃高度 150 m，外排土场占地面积近 9 hm^2[112]。露天排土场和煤矸石堆放场在降雨和风蚀作用下易造成局部水土流失和风蚀。

准东地区风蚀敏感程度总体偏高，大致呈现出"北高南低，西高东低"的分布态势。极敏感和高度敏感区主要分布在准东地区东北部；中度敏感区主要分布在准东地区中部；低度敏感区主要集中在研究区中部及东部，紧邻中度敏感区；不敏感区主要分布在准东地区南部[113]。准东地区各土地利用类型的平均土壤侵蚀速率由大到小排列依次为：沙地＞裸地＞草地＞耕地＞林地；其中沙地和裸地的平均土壤侵蚀速率明显大于其他土地利用类型，主要是由于地表植被覆盖度较低，且常年受到风蚀影响；这两种土地利用类型主要分布于研究区的中部和北部[114]。准东地区 2016 年土壤风蚀量在 1700～4160 g/(m^2·a)，平均风蚀量为 3219.36 g/(m^2·a)，根据《土壤侵蚀分类标准（SL 190—2007）》，准东地区为中度风力侵蚀区；不同土地利用类型风蚀量具有明显差异性，土壤风蚀量由大到小排序依次为：半固定沙丘＞裸地＞草地＞耕地[115]。准东地区的土壤风蚀活动按时间变化分为 4 个阶段：第一阶段为 4—7 月，该时期为风蚀活动最剧烈阶段；第二阶段主要在 7—8 月，风蚀模数变化幅度小,风蚀活动平稳;第三阶段是8—9月,风蚀模数直线上升,风蚀活动强烈;第四阶段是9—10月的风蚀活动减弱阶段,导致该时期风蚀活动减弱的主要原因是风力活动较弱[116]。

2. 土壤质量

露天开采活动会破坏土壤生态系统的稳定,导致土壤质量下降,进而影响区域内生态环境。准东露天煤矿开采对土壤质量的影响主要源自是土壤重金属污染和土壤煤炭粉尘污染。土壤重金属含量是表征土壤质量的重要指标,土壤内部的机械结构改变会影响重金属元素的含量[117]。煤矿开采会改变土壤内部结构,进而影响土壤中重金属的含量。露天煤矿开采过程中,重金属污染的主要形式为:煤矸石由于风化和自燃浸出重金属离子,并通过淋溶作用迁移到土壤造成土壤污染。煤矸石自燃产生的 SO_2,CO、H_2S 等气体以及一些氮氧化合物,致使土壤发生酸污染,危害植被生长。煤矸石是目前新疆排放量最大的工业固体废弃物[118]。

准东地区土壤 Zn、Cu、Pb、Cr、Hg 和 As 含量均超出新疆土壤的背景值。Hg 含量主要受到燃煤活动的影响,Pb 的积累主要与交通运输有关,As 的积累主要与大气沉降和工业排放有关,工业排放是 Cr 的主要来源,土壤 Zn 和 Cu 含量主要与成土母质等自然因素密切相关。煤矿开采和工业活动对土壤重金属积累的贡献率最高,说明人为活动对准东煤矿周围土壤重金属污染的影响最大[119]。准东地区土壤中 Cu 的污染较轻,Cr 的污染程度最高;煤矿开采对 Zn 含量的影响较小,而土壤中 Cr 含量主要受煤矿开采时煤尘和人为因素的影响[120]。开采区、工业区和排土场的重金属含量明显高于生活区[121]。0~10 cm 土层污染集中分布在五彩湾煤矿,且污染程度较严重[122]。准东地区土壤 Cd 含量高,处于重度污染和高生态风险水平。距离是影响土壤 Cd 分布的重要因素,土壤 Cd 含量排序由大到小依次为:堆煤场>公路>矿区生活区>芨芨湖>雀仁乡[123]。准东地区土壤重金属的污染程度总体上属于"轻度污染"、非致癌风险和致癌风险均呈"人体可接受风险水平",但 As、Cr 和 Hg 这 3 种重金属的含量远远超过了新疆背景值,且有不同程度的污染。人口聚集的 6 个产业区附近为重金属污染和人体健康风险峰值区,极有可能对该区域人群身体健康造成危害[124]。

准东煤矿开采区表层土中多环芳烃(PAHs)主要以菲(Phe)、荧蒽(Fla)和蒽(Ant)单体为主,表层土中 PAHs 以三环共烃和四环共烃为主。表层土中PAHs 主要来源于煤或木材的燃烧产物的排放、不完全燃烧及挥发,表层土中的PAHs 存在潜在的健康风险,会对人体健康带来潜在影响[125]。准东地区煤中主要含有水溶态碱金属,碱金属含量明显偏高[126-127]。准东地区地表有一定厚度的煤灰层,这会对土壤质量和植被生长带来危害。大气降尘通过重力作用降落在土壤和植被上,然后通过淋溶过程输入到土壤中,改变土壤 pH 值和有机质含量,加重土壤的重金属污染。准东地区表层土壤与降尘中的 6 种重金属的关联度,As 为

0.997，Hg 为 0.915，说明 2 种元素关联较为紧密，其在表层土壤及大气降尘中的变化趋势十分接近，且来源相同，说明大气降尘对表层土壤中重金属的质量分数有一定影响[128]。

3.2.3　水环境变化

准东地区水文地质条件相对简单，无常年性地表水体，仅在春季融雪和夏季暴雨时形成暂时性地表水流。准东地区的含水层结构在山区主要以裂隙含水层为主，而在平原区主要以孔隙含水层为主，具有内陆干旱区盆地含水层结构的特征[129]。准东露天煤矿现状为：年总用水量约 8.2×10^5 m³，按用途主要分为生产用水、生活用水和生态环境用水[130]。准东五彩湾矿区一号矿地下水水质总体较差，水中多项评价因子超标，超标项目有：pH 值、总硬度、溶解性总固体、大肠菌群和细菌总数等共 12 项；超标原因主要是蒸发作用强烈、放牧和野生动物活动以及区内北部卡拉麦里山地下水的影响[131]。

准东矿区巨厚煤层开采空间尺度大、开采强度高及扰动范围广，该区域煤层开采势必造成区域地下水位下降，改变区域地下水流向，形成区域地下水降落漏斗，破坏区域生态环境。采煤产生的矿井水量较大，但矿化度高，不能直接利用，直接外排会污染地表土壤，造成土壤盐渍化，对矿区环境造成破坏[132]。露天开采过程致使地表岩层大面积剥离，对地表水、地下水资源和区域水循环构成严重威胁。露天开采活动会破坏煤系地下含水层和上覆含水层，导致区域水质及水化学特征较大程度的改变。改变区域原始径流条件并导致水资源的污染，对地下水环境造成不可恢复的严重损害[133]。

由于区内无地表水体，因此主要是固废和被污染地表水的不合理排放污染矿区土壤，并通过淋溶作用污染地下水环境。工业区锅炉灰渣浸出液呈强碱性且含氟量高，下渗会影响地下水水质。大规模集中的露天开采活动易造成地下水系的破坏，改变地下隔水层结构，导致地下水位的大幅下降，引起土壤盐渍化；露天开采过程中产生的大量清洗废水和矿井废水会造成区域地表水和地下水系的严重污染[134]。随着矿区各项配套设施的完善，还将产生大量的工业废水和生活废水，如若得不到合理有效处置，将会对区域土壤和水环境造成严重影响。

3.2.4　声环境变化

准东煤田多为戈壁荒漠，露天开采活动对区域内声环境的影响是短暂而剧烈的，噪声会随着噪声源的消失而消失。噪声源主要由人类生产和生活活动产生，分为设备噪声、交通噪声及突发噪声。设备噪声主要来源于挖掘机、自卸卡车、推土机等设备的运转，交通噪声的主要来源是运煤车等交通工具，突发噪声源自爆破。准东地区五彩湾矿区的煤炭开采主要采用露天开采模式，开采过程会采用爆破方式，对人和动物都会产生一定影响。声环境主要影响煤田矿区的工作人员和周边的居民，也会对卡拉麦里山自然保护区内的野生动物产生一定的影响。

3.3 准东露天煤矿开采对生物群落的破坏

准东地区分布有 1 个国家地质公园，2 个自然保护区，存在着大量珍稀动植物，分布着大量古生物化石和地貌类地质遗迹。准东地区属西北典型生态脆弱区，生态环境脆弱、水资源匮乏、植被稀少。环境遭到破坏后的生态恢复是很困难的，物种多样性则是维持生态系统稳定的基础和必要条件。

3.3.1 植物群落

准东地区属典型荒漠地带，受干旱区气候因素影响，地表植被稀疏，物种单一，群落组成简单，属荒漠草原；其植被覆盖度低，且植被生物量均较小。目前准东地区植被整体状况逐渐恶化[135]，草地退化问题十分严峻，离煤矿开采区和道路等人为活动频繁的区域越近，植被受影响越大，受损程度越严重[136]。准东地区开采资源和工业污染物排放等人类活动以及污染后的治理不当行为，加速了植被覆盖区的退化过程。2006—2014 年准东地区植被覆盖度逐年减少，无植被覆盖区从 2006 年的 97.92％增加到 2014 年的 99.29％；东北部的大片植被覆盖区退化显著，同一地点植被覆盖的斑块从 2006 年开始出现边缘模糊、破碎，到 2014 年植被覆盖的斑块已模糊不清，植被景观格局破碎化程度加剧，植被退化面积大于恢复面积，并呈现出持续退化的趋势[137]。

土壤是植物的营养来源，土壤生态系统的破坏会直接影响植物生态系统的物质迁移和转化。区域物理环境的改变，会影响植被的生长和分布。准东地区地表有较厚的煤灰层，植物根系会从土壤中吸收重金属，且茎、叶能吸收降尘中的重金属而受到污染，这对植物的生长发育产生了较大影响。准东地区煤矿开采区 8 个采样点中，植物对重金属的综合富集系数在 0.52～1.21。准东地区植物对重金属的富集能力与其距煤矿开采区的距离存在一定的正相关关系，离煤矿开采区越近，其富集能力越强，离煤矿开采区越远，富集能力则越弱[138]。露天开采活动对地下水环境的影响也会间接造成植被的破坏。

准东地区煤矿开采、工业活动及其交通运输活动导致了大气降尘的产生，大气降尘又对植物的生长产生了影响。大气降尘覆盖植株茎、叶表面，能够导致植物气孔堵塞，使得植株的光合作用和呼吸作用受到抑制。降尘量与梭梭净光合速率、气孔导度、蒸腾速率均呈极显著负相关，与胞间 CO_2 浓度呈极显著正相关，且均呈线性回归模型[139]。粉尘浓度严重时，会使植物死亡，影响植物群落的垂直结构和水平分布，甚至导致演替发生[140]。

奇台荒漠草原类草地自然保护区位于温带荒漠自然带，主要保护荒漠草地生态系统及其生物种，荒漠植被非常丰富。准东地区露天煤矿开采活动产生的粉尘、噪声对保护区影响较小，地下疏干会对研究区植被生长产生一定影响，荒漠草原生态系统的景观体系受到影响相对较弱。

3.3.2　动物群落

卡拉麦里山自然保护区是我国最大的有蹄类野生动物自然保护区，位于准噶尔盆地东缘，乌伦古河以南，北塔山西部，将军戈壁以北的古尔班通古特沙漠核心区域，是普氏野马的故乡和野化基地。保护区形成了有蹄类占优势的典型中亚荒漠类野生动物群落，主要保护珍稀动物资源及其生境。区内分布有珍稀的恐龙、硅化木化石群。准东五彩湾煤电煤化工产业带建设项目位于卡拉麦里山有蹄类自然保护区的核心地带，随着保护区矿产资源的进一步开发和交通线路的完善，项目建设将大量侵占野生动物栖息地，减少野生动物适宜生境；纵横交错的交通线路和围栏将保护区分隔，使野生动物迁徙受阻，严重影响其正常生长、分布和繁殖，影响和破坏区域生态环境[141]。保护区内野生动物的饮用水源地部分依靠地下水的补给，露天煤矿开采对地下水环境的改变会影响到野生动物的生存。

保护区野生动、植物种类和数量锐减，植物物种丰富度下降，劣草、杂草种类增多[142-144]，生物多样性受到严重破坏。致使保护区土地沙化现象严重，荒漠化加剧。

3.4　减缓准东大型露天煤炭开采生态与环境破坏的对策

虽然准东地区具有较大的环境容量，但煤炭开采会对区域生态安全与环境造成长期而深远的影响。怎样在保障煤炭相关产业健康、有序、高效发展的同时切实保护好区域内大气环境、水环境、土壤地表环境及保护区生态环境，真正实现经济效益、社会效益和生态效益"共赢"，是我们急需解决的问题[145]。

首先我们要高度重视准东地区生态安全和环境保护，其次加强矿区生态环境综合治理，对排放废弃物、排土场、露天采煤沉陷区等进行专项治理，制定相应生态恢复措施。

1. 煤炭资源的开采遵循绿色开采准则，建设生态矿山；煤炭资源相关产业链的开发建设过程中，尽量降低对土壤的扰动和破坏[146]，加大对露天煤炭开采新技术研发投入；对水土流失实行综合防治，加大生态补偿力度，实现开采与土地复垦[147]、生态重建[148]同步进行。提升准东地区煤炭资源产业的合理高效配置，实现资源的本地高效转化[88]。

2. 确定环境保护标准，注重生态安全与生态保护工作。设立并健全保护区野生动、植物资源调查和环境监测的长效机制[88-89,142-143]。能源产业开发应缴纳一定的生态环境补偿基金[141]并完善生态补偿机制[141,149]，开展生态安全调控研究[146]。

3. 加快推进准东地区生态环境的综合整治，加强环境基础设施建设依法加大排污费征收力度[89,150]，在优化生产作业环节的基础上，建立科学的管理体系和明确的法律法规体系、完善矿山生态环境污染监督检查制度[147]。

4. 加强宣传，提高公民环境保护意识；开展生态旅游、野外实习等活动，以生态文化建设增强公民的环保意识，在促进地方经济和社会发展的同时形成环境友好型可持续发展[143]。

第4章 数据获取与处理

4.1 样本收集与处理

4.1.1 大气降尘样本的野外采集与处理

2014 年 5 月 15—20 日，进行了大气降尘收集器的架设。共设立 52 个采样点（图 4.1），并架设降尘收集器，其中以五彩湾矿区为中心，分 8 个方向布置，间隔距离为 2 km、5 km、10 km 和 20 km，计 32 个降尘收集器，并依据研究区主风向，按上风向、下风向，纵向布置 4 条，计 20 个降尘收集器。

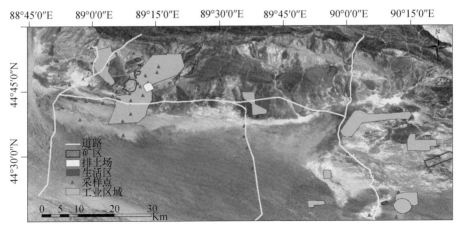

图 4.1 采样点分布

大气降尘收集器距地面 2.0 m，附近无高大建筑物。公路旁的降尘收集器，由于车辆无法进入，徒步走到距离公路 3 km 的样点架设。每个降尘收集器上放置 3 个降尘缸，降尘缸高 20 cm，直径 18 cm，内衬一次性洁净塑料袋，以防降尘缸内降尘被风吹走，在降尘缸上放置不锈钢漏斗。采样时间为 2014 年 7 月 14—20 日、2014 年 9 月 23—26 日及 2014 年 12 月 11—16 日，采样 3 次，并进行数据采集工作。样本收集时，去除叶片、昆虫等异物，然后用装有超纯水的气压喷壶把塑料袋中的降尘样本反复冲洗到 500 cm 塑料采样瓶中，直至冲净为止。

在实验室内将采样瓶中的降尘和超纯水的混合溶液倒入到表面整洁、平滑的培养皿（直径 20 cm，高 2.5 cm）中，用万分之一电子分析天平称重，记为 W_1；放置于烘箱中加热到 105 ℃，烘至水分完全蒸发，称重，记为 W_2。

降尘重量 $W=W_1-W_2$，每个样点降尘重量测定 3 次，取平均值作为该样点的降尘量。用锡箔纸把玻璃器皿中的样本刮出，放于锡箔纸中密封保存。

4.1.2 土壤样本的野外采集与处理

为分析大气降尘对土壤的影响，在大气降尘点附近采集土壤样本，并记录其坐标。采集 52 个采样点的土壤样本，采样时间为 2014 年 7 月 14—20 日。每个样点分 3 层采集，深度分别为 0～10 cm、10～20 cm 和 20～30 cm。单个样本重量约为 1 kg。将样本用塑料袋密封，带回实验室，自然风干、辗碎，过 70 目筛子，用四分法取出 100 g 土壤，装入塑料袋密封保存。

4.1.3 植物样本的野外采集与处理

为分析大气降尘、土壤对植物的影响，在大气降尘点附近采集植物样本。采集 52 个采样点的植物样本，采样时间为 2014 年 7 月 14—20 日。采集植物主要有琵琶柴（*Reaumuria soongarica*）、假木贼（*Anabasis salsa*）、蛇麻黄（*Ephedra distachya*）、梭梭（*Hadoxylon ammodendrom*），采集整株植物，装入牛皮袋中，记录编号。

在实验室内用自来水冲洗植物样本上的尘土与杂物后，用超纯水把植物样本洗干净，自然晾干。将植物地上部分和地下部分分开，放入电热恒温鼓风干燥箱，温度调至 100～105 ℃杀青 15 min 后，温度调至 80 ℃并烘干至恒重。用不锈钢植物粉碎机磨碎，过 70 目筛子，装入塑料袋密封保存。

4.2 样本重金属含量化学测定

4.2.1 样本的制备

用万分之一电子分析天平分别称取大气降尘样本和土壤样本 0.5000 g，放置于 25 mL 的聚氟四乙烯坩埚中。先滴入 9 mL 浓盐酸，再滴入 3 mL 浓硝酸，放置于电热板上加热至沸腾后，继续加热 20 min。滴入 5 mL 氢氟酸继续加热 30 min 后，滴入 3 mL 高氯酸加热至近干。滴入 10 mL 的 1∶10 稀硝酸微沸 15 min。溶液用蒸馏水定容于 25 mL 的容量瓶中。

用万分之一电子分析天平称重植物样本 1.0000 g，放置于 50 mL 的聚氟四乙烯坩埚中。先滴入 15 mL 浓硝酸，放置于电热板上加热至沸腾后，继续加热 30 min。滴入 3 mL 高氯酸加热 30 min。如果溶液不澄清，重复上述过程。得到澄清溶液后用蒸馏水定容于 25 mL 的容量瓶中。

4.2.2　样本重金属含量测定

样本定容后，在新疆大学理化中心进行样本重金属含量测定，测定 Hg、As、Pb、Cr、Cu 和 Zn 6 种重金属含量。Hg 和 As 通过普析通用 PF6-2 原子荧光光度计测定；Pb、Cr、Cu 和 Zn 通过日立 Z-2000 型原子吸收分光光度计测定。火焰原子吸收光度法工作参数见表 4.1，每种元素仪器检出限见表 4.2。

表 4.1　火焰原子吸收光度法工作参数

项目	Pb	Cu	Zn	Cr
测量波长（nm）	283.3	348.8	213.9	359.3
灯电流（mA）	7.5	7.5	5.0	7.5
火焰	空气-乙炔	空气-乙炔	空气-乙炔	空气-乙炔

表 4.2　重金属含量化学测定检出限

元素	Hg/(μg/L)	As/(μg/L)	Pb/(mg/L)	Cu/(mg/L)	Zn/(mg/L)	Cr/(mg/L)
检出限	0.001	0.010	0.002	0.001	0.001	0.004

4.3　污染指数与相关指标计算

4.3.1　单因子指数法

对大气降尘、土壤、植物的重金属污染评价用单因子指数来进行评价，其方法可以实现评价样本的无量纲单比较，较好地反映了评价样本各元素的污染状况[151]。其计算公式如下：

$$P_i = \frac{C_i}{S_i} \tag{4-1}$$

式中：P_i 为污染物的污染指数；C_i 为污染物实测值（mg/kg）；S_i 为污染物评价标准值（mg/kg）。

污染物的评价以可以根据评价目标的需求来选择参照标准。$P_i \leqslant 1$，未污染；$P_i > 1$，已污染，P_i 值越大，污染越严重[152]。

4.3.2　综合污染指数法

综合污染指数法是对单因子指数法的改进，它把环境中各个污染物综合起来考虑，能够综合反映环境系统的污染状况，弥补了单因子指数法的不足[153]，计算公式如下：

$$P_{com}=\sum W_i P_i \tag{4-2}$$

式中：P_{com} 为污染物的综合污染指数；W_i 为 i 污染物的权重系数；P_i 为 i 污染物的污染指数。

$P_i \leqslant 1$，未污染；$P_i > 1$，已污染，P_i 值越大，污染越严重[152]。

4.3.3 内梅罗综合污染指数法

内梅罗综合污染指数法通过计算单因子污染指数中的平均值平方和最大值平方的加和并取平均值后开方，重视污染严重的元素对评价对象的作用，综合评价了样本的污染程度[154]，其计算公式为：

$$P_{综}=\sqrt{\frac{\left(\frac{C_i}{S_i}\right)_{max}^2+\left(\frac{C_i}{S_i}\right)_{ave}^2}{2}} \tag{4-3}$$

式中：$P_{综}$ 表示内梅罗综合污染指数；$\left(\frac{C_i}{S_i}\right)_{max}$ 表示重金属元素中污染指数最大值；$\left(\frac{C_i}{S_i}\right)_{ave}$ 表示各污染指数的平均值；C_i 为污染物实测值（mg/kg）；S_i 为污染物评价标准值（mg/kg）。

污染物的评价以可以根据评价目标的需求来选择参照标准，评价分级见表 4.3[155]。

表 4.3　内梅罗综合污染指数分级标准

内梅罗综合污染指数 $P_{综}$	分级	污染程度
≤0.7	1	安全
0.7~1	2	警戒
1~2	3	轻度污染
2~3	4	中度污染
>3	5	重度污染

4.3.4 地累积指数法

地累积指数注重地质背景对评价对象的影响，充分考虑了不同地区土壤元素背景值的差异，可以较符合实际情况的进行污染物评价[156]，其公式定义如下：

$$I_{geo}=\log_2\left(\frac{C_n}{1.5\times B_n}\right) \tag{4-4}$$

式中：I_{geo} 为地累积指数；C_n 为土壤元素实测含量（mg/kg）；B_n 为土壤元素背景

值（mg/kg）。

评价分级标准见表 4.4[157]。

表 4.4　地累积指数分级标准

地累积指数 I_{geo}	分级	污染程度
<0	1	无污染
0~1	2	轻-中度污染
1~2	3	中度污染
2~3	4	中-强度污染
3~4	5	强度污染
4~5	6	强-极强度污染
>5	7	极强度污染

4.3.5　潜在生态危害指数法

潜在生态危害指数法考虑到不同重金属元素的毒性对土壤、沉积物的影响，能够综合反映区域的重金属生态危害程度[158]，其计算公式如下：

$$E_r^i = T_r^i \times C_f^i \tag{4-5}$$

$$H_{RI} = \sum_{i=1}^n E_r^i = \sum_{i=1}^n T_r^i \times C_f^i \tag{4-6}$$

式中：C_f^i 为重金属 i 污染系数（$C_f^i = C_s^i / C_n^i$），C_s^i 为重金属 i 的实测含量（mg/kg），C_n^i 重金属 i 的背景值（mg/kg）；T_r^i 为重金属 i 的生物毒性系数，见表 4.5；E_r^i 为重金属 i 潜在生态危害因子；H_{RI} 为多种重金属 i 潜在生态危害指数。

潜在生态危害因子的评价分级标准见表 4.6[159]。

表 4.5　重金属生物毒性响应因子

元素	Hg	As	Pb	Cu	Cr	Zn
毒性系数 T_r^i	40.00	10.00	5.00	5.00	2.00	1.00

表 4.6　潜在生态危害指数法定量分级标准

生态风险	轻微	中等	较高	高	极高
单种重金属潜在生态危害因子 E_r^i	<40	40~80	80~160	160~320	≥320
多种重金属潜在生态危害因子 H_{RI}	<150	150~300	300~450	≥600	≥600

第5章 大气降尘中的重金属沉降特征及污染评价

5.1 大气降尘通量的时空变化特征

5.1.1 大气降尘通量的统计特征

为统一大气降尘的收集间隔时间，大气降尘通量按每月的收集量计算，每月降尘通量的计算公式如下：

$$F = \left(\frac{W}{SN}\right) \times 30 \tag{5-1}$$

式中：F 为降尘通量（g/m²）；W 为大气降尘重量（g）；S 为降尘缸面积（m²）；N 为采样间隔天数（d）。为计算统一，每月按 30 d。

F_1 代表 5—7 月大气降尘通量，F_2 代表 7—9 月大气降尘通量，F_3 代表 9—12 月大气降尘通量，F_4 代表 5—12 月大气降尘通量。

大气降尘通量的统计描述见表 5.1。变异系数是反映样本变异程度的一个参数，能在一定程度上反映降尘通量受自然和人为因素影响的的程度。根据前人研究成果，当变异系数≤0.1 时，统计样本为弱变异；当 0.1＜变异系数≤1.0 时，统计样本为中等变异；当变异系数＞1.0 时，统计样本为强变异。从不同采样时间的大气降尘通量的变异系数来看，大气降尘通量的变异系数在 0.36～0.58 属于中等变异。F_2 和 F_3 的变异系数差异极小，F_1 的变异系数小于前两者，说明在不同采样时间大气降尘通量受外界影响的程度是有差异的。F_4 的变异系数最小，这种情况表明：在 5—12 月整个采样周期内平均每月的大气降尘通量受外界的影响程度低于 5—7 月、7—9 月和 9—12 月 3 个单个采样周期。

偏度系数反映了统计样本分布对称的程度，峰度系数则能反映统计样本的中心聚集程度。K-S 检验是检验单个样本总体是否服从正态分布的一种非参数检验方法。从表 5.1 可见，F_1、F_2、F_3 和 F_4 的偏度系数都为正值，而峰度系数在 0.57～7.70，可见，4 个采样时间内的大气降尘通量均呈右偏态。F_2 的 p 值为 0.030，小于 0.050，说明 F_2 的大气降尘通量呈非正态分布；F_1、F_3 和 F_4 的 p 值均大于 0.050，呈正态分布。

表 5.1　准东经济开发区降尘通量统计分析

不同月份 降尘通量	最大值/ (g/m^2)	最小值/ (g/m^2)	均值/ (g/m^2)	标准差/ (g/m^2)	变异系数	偏度系数	峰度系数	p 值
F_1	23.01	0.70	7.27	3.40	0.47	1.67	7.70	0.249
F_2	16.91	1.67	5.59	3.25	0.58	1.80	3.74	0.030
F_3	22.59	1.37	7.25	4.01	0.55	1.61	4.20	0.478
F_4	13.19	2.74	6.71	2.42	0.36	0.80	0.57	0.582

注：$n=52$。

5.1.2　大气降尘通量的时间变化特征

图 5.1 为 52 个样点在 4 个采样时间内的大气降尘通量月均值。从图中可以看出：4 个降尘通量的变化趋势基本一致。

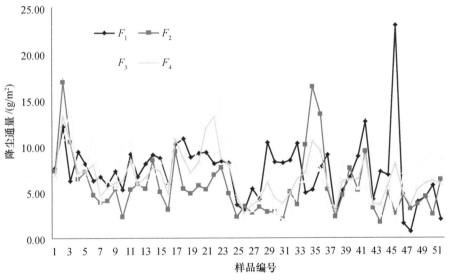

图 5.1　准东经济开发区降尘通量时间变化

5.1.3　大气降尘通量的空间变化特征

1. 空间自相关分析

空间自相关是指区域内变量之间的相互关联性。大气降尘量的空间分布受土壤类型、高程、坡度、坡向、风向等自然因素的影响；大气降尘的分布会呈现块状或连续状态，其分布具备一定程度上的空间规律性和结构性，具有空间自相关特点。但是在准东经济开发区，大规模的露天煤炭开采、工业活动及交通运输会改变大气降尘分布的空间规律性和结构性，导致大气降尘分布的随机性，降低大气降尘空间自相关性。为研究准东地区在大规模的露天开采、工业活动及交通运输影响下的大气降尘的空间规律和结构性特点，需要对其进行全局空间自相关分析。

表5.2为大气降尘通量的Moran指数及其显著性检验。Moran指数在$-0.006\sim$0.017，4个采样时间内降尘通量的Moran值接近0，空间自相关极低，空间分布呈随机分布特征，且只有F_2通过了0.05水平下的显著性检验。由此可见，研究区内人为活动破坏了大气降尘通量的空间结构性，使得降尘通量的分布具有随机性。

表5.2　大气降尘通量 Moran 指数及显著性检验

不同月份降尘通量	Moran's I 指数	p 值
F_1	-0.006	0.097
F_2	0.012	0.000
F_3	0.007	0.126
F_4	0.017	0.241

注：$n=52$，$p<0.050$ 表示通过 0.050 置信区间显著性检验。

2. 空间分布特征

由于大气降尘通量空间自相关极低，分布呈随机特征，本节采用反距离加权法对4个大气降尘通量进行空间差值，以期能够从空间上揭示大气降尘通量的分布特征与规律。

图5.2采用反距离空间差值的方法得到大气降尘通量的空间分布，其中图5.2a表示5—7月大气降尘通量的空间分布，图5.2b表示7—9月大气降尘通量的空间分布，图5.2c表示9—12月大气降尘通量的空间分布，图5.2d表示5—12月大气降尘通量的空间分布。

从图5.2a来看，大气降尘通量的高值区主要在将军庙煤化工产业区和大井煤田煤化工产业园附近。同时，在研究区西侧也出现了一个高值区，这片区域的土壤是荒漠风沙土，风蚀量较大，造成了降尘通量也较高。在研究区规模最大的五彩湾煤电化工带和火烧山高载能产业区的部分区域，降尘通量值也较高。在靠近研究区北部和东南部的降尘通量则较低。

由图5.2b可知，大气降尘通量的高值区在研究区西侧的荒漠区。在五彩湾煤电化工带、火烧山高载能产业区和大井煤田煤化工产业园的一些区域依然存在降尘通量的较高值。但与图5.2a相比，将军庙煤化工产业区降尘的高值区已经变成了低值区，且靠近研究区北部和东南部的低值区面积有所增多。

图5.2c表明，大气降尘通量的高值区出现在五彩湾煤电化工带和火烧山高载能产业区之间的区域以及五彩湾煤电化工带内。同时，依然在研究区西侧的荒漠区附近有高值区的存在。在研究区的东北区域依然是降尘通量低值区，但与

图 5.2a、5.2b 相比，东南区域的低值区成为了降尘通量中值区。

如图 5.2d，在研究区 5—12 月采样时间内的月大气降尘通量分布来看，大气降尘通量的高值主要在研究区西侧的荒漠区，包括五彩湾煤电化工带、火烧山高载能产业区、大井煤田煤化工产业园和将军庙煤化工产业区及其附近。低值区在研究区东北部和东南部。大气降尘通量受到土壤类型、地形和风向的影响，在研究区西部地区的荒漠风沙区较高，在靠近北部的卡拉麦里山区的值较低，呈现出空间的结构性规律。同时，由于研究区的煤炭开采和工业活动在不同时期的规模与强度不同，大气降尘通量在不同采样间隔期的空间分布也出现了差异。在自然因素和人为因素的双重影响下，准东经济开发区的降尘通量的空间分布呈现出空间结构性和分异性并存的特征。

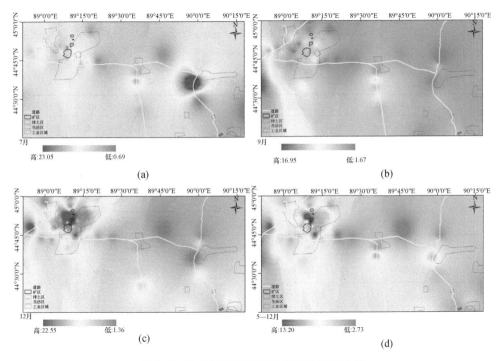

图 5.2　准东经济开发区降尘通量空间分布

（a）7 月；（b）9 月；（c）12 月；（d）5—12 月

5.2　大气降尘重金属的特征

5.2.1　大气降尘重金属的统计特征

通过 SPSS 19.0 分析 52 个采样点的大气降尘中 6 种重金属含量，得到其统计结果（表 5.3）。从表 5.3 可以看出：大气降尘重金属含量的均值表现为 Zn 最高，Hg 最低，由大到小排序依次是 Zn＞Cr＞Cu＞As＞Pb＞Hg；6 种重金属含量全部高于昌吉州与新疆背景值，Zn、Cr、Cu、As、Pb 和 Hg 含量分别是昌吉州背景值的 89.96 倍、10.02 倍、3.24 倍、2.68 倍、1.96 倍和 2.38 倍，是新疆背景值的 83.94 倍、9.63 倍、2.91 倍、3.59 倍、1.03 倍和 11.18 倍，这表明研究区大气降尘重金属污染严重。从变异系数来看，6 种降尘重金属的变异系数均在 0.420～3.700，Hg 为强变异，其他 5 种元素为中等变异，其中 As、Cr、Cu 和 Zn 的变异系数大于 0.900，接近强变异。

由表 5.3 可见，降尘重金属含量的偏度系数在 1.020～7.020，均大于 0，表明 6 种重金属呈右偏态。6 种重金属的峰度系数在 1.080～50.090，表明 6 种重金属含量分布曲线与正态分布相比更为陡峭，尤以 Hg、As、Cu 和 Zn 最为显著。Pb 的 p 值为 0.258，大于 0.050，说明 Pb 含量呈正态分布；其余 5 种元素含量的 p 值均小于 0.050，表明这 5 种元素呈非正态分布。

表 5.3   大气降尘降重金属含量统计分析

项目	Hg	Pb	As	Cr	Cu	Zn
最大值/(mg/kg)	5.180	43.430	298.250	2421.720	508.340	32787.720
最小值/(mg/kg)	0.020	5.890	15.000	26.490	4.900	1226.450
均值/(mg/kg)	0.190	20.020	40.240	474.910	77.750	5775.390
标准差/(mg/kg)	0.710	8.490	39.150	430.850	78.110	5217.600
变异系数	3.700	0.420	0.970	0.910	1.000	0.900
偏度系数	7.020	1.020	5.860	2.750	4.000	3.500
峰度系数	50.090	1.080	38.480	9.500	19.350	15.060
p 值	0.000	0.258	0.000	0.017	0.001	0.015
昌吉州土壤元素背景值/(mg/kg)	0.080	10.200	15.000	47.400	24.000	64.200
新疆土壤元素背景值/(mg/kg)	0.017	19.400	11.200	49.300	26.700	68.800

5.2.2 大气降尘重金属的相关性分析

通过 SPSS 19.0 软件计算大气降尘中 6 种重金属的相关系数，并在 0.01 水平下对计算结果做显著性检验，如果元素的相关性显著，则表明元素间具有同源性或是复合污染所致。如表 5.4 所示，Hg-Pb，Hg-As、Pb-As、Cr-Cu、Cr-Zn、Cu-Zn 间相关性显著，其中 Hg-As 相关系数达到了 0.94，Cr-Cu 相关系数达到了 0.96，Cu-Zn 相关系数为 0.61，表明 Hg、As 及 Cr、Cu、Zn 重金属的来源和迁移、富集等过程可能有着一定的共同性。

表 5.4　大气降尘降重金属含量相关性分析

元素	Hg	Pb	As	Cr	Cu	Zn
Hg	1.00	0.39 * *	0.94 * *	−0.03	−0.03	0.05
Pb		1.00	0.56 * *	0.16	0.10	0.09
As			1.00	0.06	0.02	0.03
Cr				1.00	0.96 * *	0.50 * *
Cu					1.00	0.61 * *
Zn						1.00

注：* * 表示相关性在 0.010 水平上显著。

5.2.3　大气降尘重金属的因子分析

用因子分析作为判断重金属污染来源的依据，在对变量做因子分析时，要求多数变量间的相关系数大于 0.30，否则不适合做因子分析。结合 5.2.2 大气降尘重金属含量的相关性分析，进一步对大气降尘重金属含量做 KMO 检验和 Bartlett's 球度检验。KMO 统计量取值为 0～1，一般认为 KMO 取值大于 0.5 时，比较适合做因子分析。对于 Bartlett's 球度检验，以原有变量的相关系数矩阵检验对应的 p 值小于给定显著性水平 0.050，则认为原有变量适合进行因子分析。通过 SPSS 19.0 软件进行 KMO 检验和 Bartlett's 球度检验，得到 KMO 统计量为 0.49，Bartlett 球型检验相伴概况为 0.000。虽然 KMO 统计量略小于 0.50，但通过了 Bartlett's 球度检验，并且从相关系数矩阵中可以看出：各重金属含量之间具有比较强的相关性，因而可以做因子分析。

以大气降尘 6 种重金属含量为变量，以主成分法作为因子载荷阵估算方法，再用方差最大化法进行因子旋转，得到因子分析计算结果。如表 5.5 所示，前 2 个主成分特征值均大于 1，分别为 2.41 和 2.30，累计方差贡献率达到了 78.44%，可以反映大气降尘重金属的大部分信息。

PC1 的方差贡献率为 40.24%，对了解大气降尘重金属的组成、来源与分布信息有着决定性的作用。有研究表明，当载荷值的绝对值大于 0.7 时，变量的载荷较高。Cr、Cu 和 Zn 均高于 0.7，因此这 3 个重金属元素具有较高的载荷；同时，根据表 5.4 可知，3 种元素之间存在着极其显著的相关性。金属冶炼是产生 Cu、Cr 和 Zn 的主要来源，同时汽车轮胎磨损也是产生 Zn 的主要来源，因而 PC1 可以表征金属冶炼和汽车轮胎磨损对大气降尘重金属来源的贡献。PC2 的方差贡献率为 38.20%，对了解大气降尘重金属的组成、来源与分布也有着重要的作用。Hg、As 在 PC2 有高的正载荷。研究表明，煤中的 Hg、As 在燃烧过程中会释放到大气中，同时露天煤矿开采所产生的煤粉颗粒也是降尘中 Hg、As 的来源。PC2 中 Pb 也有着较高的正载荷，煤尘燃烧和汽车尾气排放是 Pb 污染的主要来源,因而 PC2 可以主要表征煤矿开采、煤粉燃烧、汽车尾气对大气降尘重金属来源的贡献。

表 5.5　大气降尘降重金属含量旋转因子载荷矩阵

项目	Hg	Pb	As	Cr	Cu	Zn	特征值	方差贡献率/%	累计贡献率/%
PC1	−0.06	0.14	0.00	0.94	0.97	0.75	2.41	40.24	40.24
PC2	0.92	0.70	0.98	0.04	0.01	0.05	2.30	38.20	78.44

5.3　大气降尘重金属空间分布特征

5.3.1　空间自相关分析

表 5.6 为大气降尘重金属的 Moran 指数及其显著性检验。Moran 指数在 −0.039~0.059,大气降尘 6 种重金属元素的 Moran 值接近 0,空间自相关极低,空间分布呈现出随机分布特征,只有 Hg 和 Pb 通过了 0.050 水平下的显著性检验。因此,大气降尘重金属含量同大气降尘通量的空间自相关相似,露天煤矿开采、工业活动和交通运输破坏了大气降尘重金属含量的空间结构性,使得大气降尘重金属含量的分布具有随机性。

表 5.6　大气降尘重金属含量 Moran 指数及显著性检验

元素	Moran's I 指数	p 值
Hg	0.020	0.027
Pb	0.059	0.021
As	0.027	0.097
Cr	0.029	0.138
Cu	0.028	0.126
Zn	−0.039	0.552

注:$n=52$,p<0.050 表示通过 0.050 置信区间显著性检验。

5.3.2　空间分布特征

由于大气降尘重金属含量的空间自相关极低,分布呈随机特征,本节采用反距离加权法对大气降尘 6 种重金属含量通量进行空间差值,以期能够从空间上揭示大气降尘重金属的分布特征与规律。

图 5.3 为采用反距离加权空间差值的方法得到的大气降尘重金属含量的空间分布。

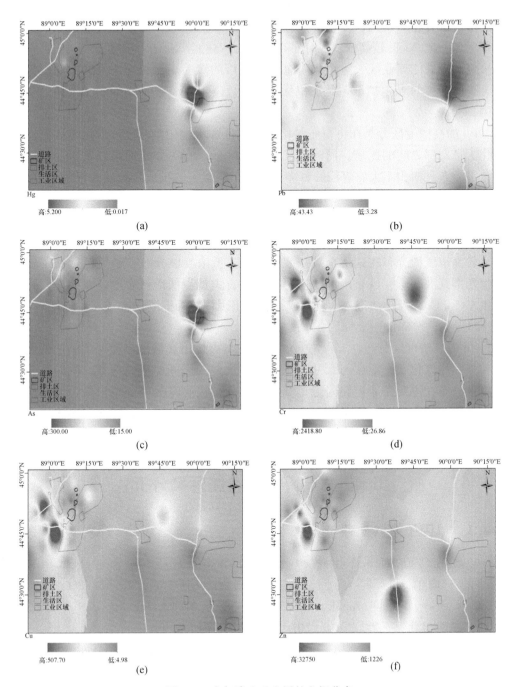

图 5.3 大气降尘重金属的空间分布

(a) Hg；(b) Pb；(c) As；(d) Cr；(e) Cu；(f) Zn

Hg 和 As 的空间分布特征较相似，高浓度区出现在将军庙煤化工产业区附近。较高浓度区分布在研究区东南部有较多工业园区的区域。低浓度区分布在研究区西部区域。但 As 有较高浓度区分布在火烧山高载能产业区。将军庙煤化工产业区和火烧山高载能产业区大量煤化工企业和电厂的煤粉燃烧和排放及区域内露天煤矿开采所产生的煤尘扩散，是造成大气降尘 Hg 和 As 空间分布浓度较高的主要原因。

Pb 的高浓度区分布在将军庙煤化工产业区和火烧山高载能产业区与五彩湾煤电化工带北部之间的区域。同时，较高浓度区分布在主要交通道路附近。低浓度区分散分布且面积不大。煤粉的燃烧和交通车辆尾气的排放是造成大气降尘 Pb 空间分布的主要原因。

Cr 和 Cu 的空间分布特征较相似，高浓度区均出现在将军庙煤化工产业区与大井煤田煤化工产业园之间区域、五彩湾煤电化工带和火烧山高载能产业区西南区域。较高浓度区分布在这两个高浓度区周边。低浓度区分布在研究区远离工业活动的西部荒漠和研究区东南部，这两个区域有大型金属冶炼企业，在生产过程中产生 Cr 和 Cu，经排放进入大气造成污染并出现颗粒的扩散，这是造成了大气降尘 Cr 和 Cu 空间分布的主要原因。

Zn 的高浓度区分布在五彩湾煤电化工带与火烧山高载能产业区之间的西南区域和将军庙煤化工产业区与大井煤田煤化工产业园之间的西南区域。同时，较高浓度区分布在主要交通道路附近。低浓度区分布在研究区西部荒漠带、五彩湾煤电化工带北部和研究区东南部。金属产品加工过程中的镀锌和交通车辆轮胎磨损是造成大气降尘 Zn 空间分布的主要原因。

5.4 大气降尘重金属污染分析

5.4.1 单因子指数法评价

以研究区内 52 个采样点 0～30 cm 土壤层重金属 Hg、Pb、As、Cr、Cu 和 Zn 含量的平均值为标准，参照基准值分别为：0.062 mg/kg、12.260 mg/kg、31.920 mg/kg、81.360 mg/kg、18.880 mg/kg 和 47.470 mg/kg。$P_i<1$ 为清洁，$1{\leqslant}P_i<2$ 为轻污染，$2{\leqslant}P_i<5$ 为中污染，$P_i{\geqslant}5$ 为重污染。

计算采样点 6 种重金属的单因子指数并取均值，结果如表 5.7 所示。从表 5.7 来看，As 和 Pb 为轻污染，Hg 和 Cu 为中污染，Cr 和 Zn 为重污染。6 种重金属污染程度的排序由大到小依次是：Zn>Cr>Cu>Hg>Pb>As。

表 5.7　大气降尘重金属单因子指数评价

项目	Hg	Pb	As	Cr	Cu	Zn
最大值	83.54	3.54	9.34	29.77	26.92	690.70
最小值	0.28	0.48	0.47	0.33	0.26	25.84
均值	3.10	1.63	1.26	5.84	4.12	121.66
污染程度	中污染	轻污染	轻污染	重污染	中污染	重污染

5.4.2　综合污染指数法评价

根据熵值法[160]计算出大气降尘重金属的指标权重，见表 5.8。

表 5.8　大气降尘重金属指标权重

项目	Hg	Pb	As	Cr	Cu	Zn
权重	0.497	0.049	0.144	0.095	0.096	0.119

计算采样点 6 种重金属的综合污染指数并取均值，结果如表 5.9 所示。从表 5.9 来看，清洁元素为 Pb、As、Cr 和 Cu，轻污染元素为 Hg，重污染元素为 Zn。大气降尘的 6 种重金属综合污染程度为中污染。

表 5.9　大气降尘重金属综合污染指数评价

项目	Hg	Pb	As	Cr	Cu	Zn	P_{com}
最大值	42.52	0.17	1.35	2.83	2.58	82.19	14.67
最小值	0.14	0.02	0.07	0.03	0.02	3.07	0.80
均值	1.54	0.08	0.18	0.55	0.40	14.82	2.87
污染程度	轻污染	清洁	清洁	清洁	清洁	重污染	中污染

5.4.3　内梅罗综合污染指数法评价

通过公式计算出大气降尘重金属内梅罗综合污染指数，结果如表 5.10 所示。从表 5.10 来看，中污染元素为 Pb，重污染元素为 Hg、As、Cr 和 Zn。6 种重金属污染程度的排序由大到小依次是：Zn＞Hg＞Cr＞Cu＞As＞Pb。

表 5.10　大气降尘重金属内梅罗综合污染指数评价

项目	Hg	Pb	As	Cr	Cu	Zn
内梅罗综合污染指数 $P_{综}$	59.12	2.76	6.67	21.45	19.26	495.92
污染程度	重污染	中污染	重污染	重污染	重污染	重污染

5.4.4　地累积指数法评价

通过公式计算出大气降尘重金属的地累指数，结果如表 5.11 所示。从表 5.11

来看，Hg 和 As 为无污染，Pb 为轻-中度污染，Cr 和 Cu 为中度污染，Zn 为极强度重污染。6 种重金属污染程度的排序由大到小依次是：Zn＞Cr＞Cu＞Pb＞Hg＞As。

表 5.11　大气降尘重金属地累积指数评价

项目	Hg	Pb	As	Cr	Cu	Zn
地累积指数 I_{geo}	−0.29	0.00	−0.48	1.50	1.07	6.00
污染等级	1	2	1	3	3	7
污染程度	无污染	轻-中度污染	无污染	中度污染	中度污染	极强度重污染

5.4.5　潜在生态危害指数法评价

通过公式计算出大气降尘重金属单个潜在危害因子和 6 种重金属潜在生态危害指数，见表 5.12。

表 5.12　大气降尘重金属潜在生态危害因子与指数

项目	Hg	Pb	As	Cr	Cu	Zn	H_{RI}
最大值	3341.75	17.71	93.44	59.53	134.62	690.70	4337.75
最小值	11.29	2.40	4.70	0.65	1.30	25.84	46.18
均值	124.10	8.16	12.61	11.67	20.59	121.82	298.95
污染程度	较高	轻微	轻微	轻微	轻微	较高	中度

研究区 Pb、As、Cr 和 Cu 的潜在危害因子均小于 40，为轻微潜在生态危害。Hg 和 Zn 的潜在危害因子分别为 124.10 和 121.82，为较高潜在生态危害。6 种重金属潜在生态危害排序由大到小依次是：Hg＞Zn＞Cu＞As＞Cr＞Pb。研究区潜在生态危害指数 H_{RI} 在 46.18～4337.75，均值为 298.95，表现为中度潜在生态危险。

5.5　本章小结

通过对 5—12 月 3 次大气降尘的收集，计算出 4 个大气降尘通量；其中 5—7 月、9—12 月和 5—12 月的降尘通量呈正态分布，7—9 月降尘通量呈非正态分布；从时间变化来看，4 个降尘通量变化趋势基本一致。

大气降尘通量在空间分布特征上，由于受到研究区露天煤炭开采、工业活动和交通运输因素的影响，分布呈现出随机性。大气降尘通量的高值主要在研究区西侧的荒漠区，包括五彩湾煤电化工带、火烧山高载能产业区、大井煤田煤化工产业园和将军庙煤化工产业区附近；低值区在研究区东北部和东南部。

大气降尘重金属含量的均值表现为 Zn 最高，Hg 最低，由大到小排序依次是 Zn>Cr>Cu>As>Pb>Hg。6 种重金属含量全部高于背景值，研究区大气降尘重金属污染严重。降尘中 Hg 为强变异，其他 5 种元素为中等变异，但 As、Cr、Cu 和 Zn 的变异系数大于 0.90，接近强变异。Pb 含量具有正态分布特征，其余 5 种元素呈非正态分布。

Hg、As 及 Cr、Cu、Zn 重金属的来源和迁移、富集等过程可能有一定的共同性。通过因子分析发现：Cu、Cr 和 Zn 为第一主成分因子，表征了金属冶炼和汽车轮胎磨损对大气降尘重金属来源的贡献；Hg、As 和 Pb 为第二主成分因子，表征了煤矿开采、煤粉燃烧和汽车尾气排放对大气降尘重金属来源的贡献。

大气降尘 6 种重金属空间自相关性低，呈随机分布特征。Hg 和 As 的空间分布特征较相似，高浓度区出现在将军庙煤化工产业区附近，较高浓度区分布在研究区东南部有较多工业园区的区域，低浓度区分布在研究区西部区域。As 有较高浓度区分布在火烧山高载能产业区。Pb 的高浓度区分布在将军庙煤化工产业区和火烧山高载能产业区与五彩湾煤电化工带北部之间的区域，较高浓度区分布在主要交通道路附近，低浓度区分散分布且面积不大。Cr 和 Cu 的空间分布特征较相似，高浓度区出现在将军庙煤化工产业区和大井煤田煤化工产业园之间的区域和五彩湾煤电化工带与火烧山高载能产业区之间的西南区域，较高浓度区分布在这两个高浓度区周边，低浓度区分布在研究区远离工业活动的西部荒漠和研究区东南部。Zn 的高浓度区分布在五彩湾煤电化工带、火烧山高载能产业区西南区域和将军庙煤化工产业区与大井煤田煤化工产业园之间的西南区域，较高浓度区分布在主要交通道路附近，低浓度区分布在研究区西部荒漠带和五彩湾煤电化工带北部及研究区东南部。

从单因子指数评价来看：轻污染元素为 As 和 Pb，中污染元素为 Hg 和 Cu，重污染元素为 Cr 和 Zn。从综合污染指数评价来看：清洁元素为 Pb、As、Cr 和 Cu，轻污染元素为 Hg，重污染元素为 Zn，大气降尘的重金属综合污染程度为中污染。从内梅罗综合污染指数法评价来看：中污染元素为 Pb，重污染元素为 Hg、As、Cr、Cu 和 Zn。从地累积指数法评价来看：无污染元素为 Hg 和 As，轻-中度污染元素为 Pb，中度污染元素为 Cr 和 Cu，Zn 为极强度污染。从潜在生态危害法评价来看：轻微潜在生态危害元素为 Pb、As、Cr 和 Cu，较高潜在生态危害元素为 Zn，研究区大气降尘重金属表现为中等潜在生态危险。

第6章　土壤重金属的特征及污染评价

6.1　土壤重金属的特征

6.1.1　土壤重金属的统计特征

通过 SPSS 19.0 分析 52 个采样点 3 个土壤层中 6 种重金属含量，得到其统计结果（表 6.1～表 6.3）。

从表 6.1 可以看出，0～10 cm 土壤层重金属含量的均值，Cr 最高，Hg 最低，由大到小排序依次是 Cr＞Zn＞As＞Cu＞Pb＞Hg；Pb、As 和 Cr 高于昌吉州背景值，分别为昌吉州背景值的 1.31 倍、2.81 倍和 1.77 倍，Hg、Cu 和 Zn 未高于背景值；Hg、As 和 Cr 高于新疆背景值，分别为新疆背景值的 3.88 倍、2.92 倍和 1.70 倍，Pb、Cu 和 Zn 未高于背景值；这表明研究区 0～10 cm 土壤层重金属 Hg、As 和 Cr 污染严重。从变异系数来看，0～10 cm 土壤层重金属的变异系数在 0.280～1.530，其中 Hg 为强变异，其他 5 种元素为中等变异，由大到小排序依次是 Hg＞Cr＞As＞Cu＞Pb＞Zn。从偏度系数来看，0～10 cm 土壤层重金属的偏度系数在 −0.590～3.440，Pb 呈左偏态，其他 5 种重金属元素呈右偏态。从峰度系数来看，0～10 cm 土壤层重金属的峰度系数在 −1.000～12.950；Pb、Cu 和 Zn 的峰度系数值较小，接近 0，表明上述 3 种重金属分布曲线接近正态分布；Cr 的峰度系数为 −1.000，表明 Cr 的分布曲线与正态分布相比有些陡峭；Hg 和 As 的峰度系数达到了 12.900 和 12.950，表明这 2 种重金属含量分布曲线与正态分布相比更陡峭。Pb、Cu、Zn 和 As 的 p 值为均大于 0.050，说明 Pb、Cu、Zn 和 As 含量呈正态分布，Hg 和 Cr 的 p 值均小于 0.050，表明 Hg 和 Cr 呈非正态分布。

从表 6.2 可以看出，10～20 cm 土壤层重金属含量的均值，Cr 最高，Hg 最低，由大到小排序依次是 Cr＞Zn＞As＞Cu＞Pb＞Hg；Pb、As 和 Cr 高于昌吉州背景值，分别为背景值的 1.18 倍、2.05 倍和 1.68 倍，Hg、Cu 和 Zn 未高于背景值；Hg、As 和 Cr 高于新疆背景值，分别为背景值的 3.35 倍、2.75 倍和 1.61 倍，Pb、Cu 和 Zn 未高于新疆背景值；这表明研究区 10～20 cm 土壤层重金属 Hg、As 和 Cr 污染严重。从变异系数来看，10～20 cm 土壤层重金属的变异系数在 0.220～1.210；与 0～10 cm 土壤层重金属变异系数相比，Hg、Cr、As 和 Zn 的变异系数有所下降，Cu 的变异系数没有明显变化，而 Pb 的变异系数有所上升；Hg 依然为强变异，其他 5 种元素依然为中等变异，由大到小排序依次是 Hg＞Cr＞As＞Cu＞Pb＞Zn。从偏度系数来看，10～20 cm 土壤层重金属的偏度系数在－0.250～1.910；与 0～10 cm 土壤层重金属偏度系数相比，Hg、Pb 和 As 有一定程度上的下降，Cr 和 Zn 的变化微小，而 Cu 的偏度系数有所上升；Pb 和 As 呈左偏态，其他 4 种重金属元素呈右偏态。从峰度系数来看，10～20 cm 土壤层重金属的峰度系数在－1.010～2.920；与 0～10 cm 土壤层重金属峰度系数相比，Hg 和 As 有较大幅度的下降，Cr 的变化微小，而 Pb、Cu 和 Zn 的偏度系数有所上升；Pb、As 和 Zn 的峰度系数值较小，较接近 0，表明上述 3 种重金属分布曲线较接近正态分布；Cr 和 Cu 的峰度系数分别为－1.000 和 1.560，表明 Cr 和 Cu 的分布曲线与正态分布相比有些陡峭；Hg 的峰度系数为 2.920，表明 Hg 分布曲线与正态分布相比较更陡峭。同 0～10 cm 土壤层重金属 p 值相似，10～20 cm 土壤层 Pb、Cu、Zn 和 As 的 p 值均大于 0.050，Pb、Cu、Zn 和 As 含量呈正态分布；Hg 和 Cr 的 p 值均小于 0.050，Hg 和 Cr 呈非正态分布。

从表 6.3 可以看出：20～30 cm 土壤层重金属含量的均值，Cr 最高，Hg 最低，由大到小排序依次是 Cr＞Zn＞As＞Cu＞Pb＞Hg；与昌吉州土壤重金属背景值相比，Pb、As 和 Cr 高于背景值，分别为背景值的 1.12 倍、2.15 倍和 1.70 倍，Hg、Cu 和 Zn 未高于背景值；与新疆土壤重金属背景值相比，Hg、As 和 Cr 高于背景值，分别为背景值的 3.76 倍、2.88 倍和 1.63 倍，Pb、Cu 和 Zn 未高于背景值；与 10～20 cm 土壤层的 6 种重金属含量相比，20～30 cm 土壤层中 Pb 和 Zn 含量有轻微降低，降低了 Pb 和 Zn 高出背景值的倍数，而 Hg、As、Cr 和 Cu 含量有一定程度的上升，提高了 Hg、As 和 Cr 高出背景值的倍数。从变异系数来看，20～30 cm 土壤层重金属的变异系数在 0.260～1.500；与 10～20 cm 土壤层重金属变异系数相比，6 种重金属的变异系数均有一定程度上的上升；Hg 依然为强变异，其他 5 种元素依然为中等变异，由大到小排序依次是 Hg＞Cr＞As＞Cu＞Pb＞Zn。从偏度系数来看，20～30 cm 土壤层重金属的偏度系数在－0.720～3.680；与 10～20 cm 土壤层重金属偏度系数相比，Hg、Pb、As、Zn 和 Cu 有一定程度上的上升，Cr 略有降低；Pb 呈左偏态，其他 5 种重金属元素呈右偏态。从峰度系数来看，20～30 cm 土壤层重金属的峰度系数在－0.880～17.150；与 10～20 cm 土壤层重金属峰度系数相比，Hg、As 和 Cu 偏度系数有较大幅度的上升，Zn 的偏度系数有一定程度上升，Pb 和 Cr 的偏度系数则有所下降；Pb 的峰度系数值较小，较接近 0，其分布曲线接近正态分布；Cr 和 Zn 的峰度系数分别为－0.880 和 1.150，表明 Cr 和 Zn 的分布曲线与正态分布相比有些陡峭；As、Cu 和 Hg 的峰度系数分别为 5.410、8.450 和 17.150，表明 As、Cu 和 Hg 的分布曲线与正态分布相比更加陡峭。同 10～20 cm 土壤层重金属的 p 值相似，20～30 cm 土壤层中 Pb、Cu、Zn 和

As 的 p 值为均大于 0.050，Pb、Cu、Zn 和 As 含量呈正态分布；Hg 和 Cr 的 p 值均小于 0.050，Hg 和 Cr 呈非正态分布。

表 6.1　0～10 cm 土壤层重金属含量统计分析

项目	Hg	Pb	As	Cr	Cu	Zn
最大值/(mg/kg)	0.509	19.960	119.200	187.060	36.150	81.230
最小值/(mg/kg)	0.007	4.410	1.480	30.850	6.800	21.770
均值/(mg/kg)	0.066	13.350	32.740	84.050	19.470	48.130
标准差/(mg/kg)	0.100	3.830	16.860	49.620	6.560	13.290
变异系数	1.530	0.290	0.510	0.590	0.340	0.280
偏度系数	3.440	−0.590	2.470	0.720	0.130	0.120
峰度系数	12.900	−0.040	12.950	−1.000	−0.240	−0.010
p 值	0.000	0.678	0.088	0.006	0.716	0.718
昌吉州土壤元素背景值/(mg/kg)	0.080	10.200	15.000	47.400	24.000	64.200
新疆土壤元素背景值/(mg/kg)	0.017	19.400	11.200	49.300	26.700	68.800

表 6.2　10～20 cm 土壤层重金属含量统计分析

项目	Hg	Pb	As	Cr	Cu	Zn
最大值/(mg/kg)	0.273	21.020	59.370	174.910	39.640	72.940
最小值/(mg/kg)	0.001	3.370	3.200	29.740	6.310	25.600
均值/(mg/kg)	0.057	12.010	30.780	79.480	18.510	47.840
标准差/(mg/kg)	0.069	3.990	11.630	45.560	6.330	10.590
变异系数	1.210	0.330	0.380	0.570	0.340	0.220
偏度系数	1.910	−0.250	−0.090	0.730	0.770	0.150
峰度系数	2.920	−0.460	0.130	−1.010	1.560	−0.290
p 值	0.002	0.734	0.948	0.022	0.989	0.994
昌吉州土壤元素背景值/(mg/kg)	0.080	10.200	15.000	47.400	24.000	64.200
新疆土壤元素背景值/(mg/kg)	0.017	19.400	11.200	49.300	26.700	68.800

表 6.3　20～30 cm 土壤层重金属含量统计分析

项目	Hg	Pb	As	Cr	Cu	Zn
最大值/(mg/kg)	0.587	17.450	97.310	191.900	51.180	86.060
最小值/(mg/kg)	0.003	0.820	3.530	26.670	9.470	24.550
均值/(mg/kg)	0.064	11.410	32.250	80.540	18.650	46.440
标准差/(mg/kg)	0.096	4.090	15.680	46.920	7.000	11.870
变异系数	1.500	0.360	0.490	0.580	0.380	0.260

续表

项目	Hg	Pb	As	Cr	Cu	Zn
偏度系数	3.680	−0.720	1.580	0.700	2.140	0.710
峰度系数	17.150	−0.060	5.410	−0.880	8.450	1.150
p 值	0.000	0.530	0.135	0.009	0.519	0.656
昌吉州土壤元素背景值/(mg/kg)	0.080	10.200	15.000	47.400	24.000	64.200
新疆土壤元素背景值/(mg/kg)	0.017	19.400	11.200	49.300	26.700	68.800

6.1.2　土壤重金属的相关性分析

通过 SPSS 19.0 分析 52 个采样点 3 个土壤层中 6 种重金属含量相关系数，得到其相关系数矩阵（表 6.4～表 6.6），并在 0.010 或 0.050 水平下对计算结果做显著性检验。如果元素的相关性极其显著，则表明元素间具有同源性或是复合污染所致。

如表 6.4～表 6.6 所示，0～10 cm 土壤层中重金属 Hg-Cr、Pb-As、Cr-Cu 和 Cu-Zn 相关性显著，10～20 cm 土壤层中 Hg-Cr、Pb-Cr、Cr-Cu、Zn-As 和 Cu-Zn 相关性显著，20～30 cm 土壤层中 Hg-Cr、Pb-Cr、Cr-Cu、Zn-As、Zn-Cr 和 Cu-Zn 相关性显著，表明 Hg、Cr 及 Cr、Cu、Zn 重金属的来源和迁移、富集等过程可能有着一定的共同性。

表 6.4　0～10 cm 土壤层重金属含量相关性分析

	Hg	Pb	As	Cr	Cu	Zn
Hg	1.00	−0.22	−0.10	0.36**	−0.16	−0.20
Pb		1.00	0.32*	−0.10	0.18	0.15
As			1.00	0.01	0.25	0.23
Cr				1.00	0.38**	0.25
Cu					1.00	0.83**
Zn						1.00

注：** 表示相关性在 0.010 水平上显著；* 表示相关性在 0.050 水平上显著。

表 6.5　10～20 cm 土壤层重金属含量相关性分析

	Hg	Pb	As	Cr	Cu	Zn
Hg	1.00	−0.08	−0.11	0.42**	−0.26	−0.15
Pb		1.00	0.03	−0.28*	0.09	0.01
As			1.00	0.04	0.45**	0.52**
Cr				1.00	0.29*	0.22

续表

	Hg	Pb	As	Cr	Cu	Zn
Cu					1.00	0.75**
Zn						1.00

注：**表示相关性在 0.01 水平上显著；*表示相关性在 0.05 水平上显著。

表 6.6　20～30 cm 土壤层重金属含量相关性分析

	Hg	Pb	As	Cr	Cu	Zn
Hg	1.00	−0.06	−0.09	0.39**	−0.06	−0.17
Pb		1.00	−0.02	−0.34*	0.06	0.14
As			1.00	0.13	0.34*	0.32*
Cr				1.00	0.37**	0.30*
Cu					1.00	0.77**
Zn						1.00

注：**表示相关性在 0.010 水平上显著；*表示相关性在 0.050 水平上显著。

6.1.3　土壤重金属的因子分析

　　结合 6.1.2 中 3 个土壤层重金属含量的相关性分析，进一步对 3 个土壤层重金属含量做 KMO 检验和 Bartlett's 球度检验。通过 SPSS 19.0 对 3 个土壤层中重金属进行 KMO 检验和 Bartlett's 球度检验，得到 KMO 统计量和 Bartlett 球型检验 p值，详见表 6.7。3 个土壤层重金属的 KMO 统计量在 0.53～0.56，Bartlett 球型检验 p 值均为 0.000。KMO 统计量略大于 0.50，并通过了 Bartlett's 球度检验，从相关系数矩阵中可以看出各重金属含量之间具有比较强的相关性，因而可以做因子分析。

表 6.7　土壤重金属含量 KMO 检验和 Bartlett's 球度检验

土层/cm	KMO 统计量	Bartlett 球型检验 p 值
0～10	0.56	0.000
10～20	0.53	0.000
20～30	0.55	0.000

　　以 3 个土壤层的 6 种重金属含量为变量，主成分法作为因子载荷阵估算方法，用方差最大化法进行因子旋转，得到因子分析计算结果，详见表 6.8。第一主成分特征值在 2.13～2.27，第二主成分特征值在 1.54～2.61，且均大于 1，累计方差贡献率在 61.87%～63.64%，前 2 个因子分析就能够反映土壤重金属的大部分信息。

　　研究区处在荒漠区，土壤重金属来源受外界影响因素较小，土壤重金属来源主要可分为自然因素来源和人为因素来源。自然因素来源主要指受当地成土母质特征和地形地势特征等影响的土壤重金属来源，人为因素来源主要指受煤矿开采、工业活动和交通活动等影响的土壤重金属来源。0～30 cm 土壤层重金属中，Cu 和 Zn 的 PC1 因子具有较高的载荷；同时，不同深度土壤中这 2 种元素浓度变化很小，其含量受人类活动影响小，受土壤母质影响大，可表征为自然因素。0～30 cm 土壤层重金属中 Hg、Pb 和 Cr 的 PC2 因子具有较高的载荷；其中，Hg 变异系数高，高浓度值出现在露天煤矿区、工业区和主要道路节点区，与人类活动关系大，受人类活动影响大，可表征为人为因素。

表 6.8　土壤重金属含量旋转因子载荷矩阵

土层/cm	项目	Hg	Pb	As	Cr	Cu	Zn	特征值	方差贡献率/%	累计贡献率/%
0～10	PC1	−0.01	0.19	0.35	0.60	0.92	0.87	2.13	35.49	35.49
	PC2	−0.76	0.63	0.45	−0.61	0.13	0.20	1.61	26.78	62.27
10～20	PC1	−0.26	0.04	0.71	0.29	0.90	0.90	2.27	37.90	37.90
	PC2	0.73	−0.54	−0.09	0.84	−0.01	0.04	1.54	25.74	63.64
20～30	PC1	−0.16	0.09	0.57	0.42	0.90	0.90	2.17	36.19	36.19
	PC2	0.71	−0.62	−0.04	0.80	0.06	−0.08	1.54	25.68	61.87

6.2　土壤重金属空间分布特征

6.2.1　空间自相关分析

表 6.9～表 6.11 为土壤重金属的 Moran 指数及其显著性检验。0～10 cm 土壤层重金属的 Moran 指数在−0.030～0.057，土壤中 6 种重金属元素的 Moran 值接近 0，空间自相关极低，空间分布呈随机分布特征，且只有 Cu 和 Zn 通过了 0.050 水平下的显著性检验。10～20 cm 土壤层重金属的 Moran 指数在−0.058～0.080，土壤中 6 种重金属元素的 Moran 值接近 0，空间自相关极低，空间分布呈随机分布特征，且只有 Cu 和 Zn 通过了 0.050 水平下的显著性检验。20～30 cm 土壤层重金属的 Moran 指数在−0.049～0.178，除 Zn 外，土壤中其他 5 种重金属元素的 Moran 值接近 0，空间自相关极低，空间分布呈随机分布特征，且只有 Cu 和 Zn 通过了 0.050 水平下的显著性检验。因此，除 20～30 cm 土壤层中 Zn 外，其他土壤重金属空间自相关性极低。露天煤矿的开采、工业活动和交通运输破坏了土壤重金属的空间结构性，使得土壤重金属的分布具有随机性。

表 6.9　0～10 cm 土壤层重金属含量 Moran 指数及显著性检验

元素	Moran's I 指数	p 值
Hg	0.013	0.296
Pb	−0.030	0.750
As	0.010	0.341
Cr	−0.025	0.862
Cu	0.057	0.020
Zn	0.051	0.033

注：$n=52$，p＜0.050 表示通过 0.050 置信区间显著性检验。

表 6.10　10～20 cm 土壤层重金属含量 Moran 指数及显著性检验

元素	Moran's I 指数	p 值
Hg	−0.058	0.237
Pb	−0.006	0.686
As	0.011	0.348
Cr	−0.020	0.980
Cu	0.048	0.039
Zn	0.080	0.003

注：$n=52$，p＜0.050 表示通过 0.050 置信区间显著性检验。

表 6.11　20～30 cm 土壤层重金属含量 Moran 指数及显著性检验

元素	Moran's I 指数	p 值
Hg	−0.022	0.951
Pb	0.018	0.252
As	−0.007	0.691
Cr	−0.027	0.829
Cu	−0.049	0.033
Zn	0.178	0.000

注：$n=52$，p＜0.050 表示通过 0.050 置信区间显著性检验。

6.2.2　空间分布特征

由于 3 个土壤层重金属含量的空间自相关极低，分布呈随机性，本节采用反距离加权法对 3 个土壤层中 6 种重金属含量通量进行空间差值，以期能够从空间上揭示土壤重金属的分布特征与规律。

图 6.1 为采用反距离加权空间差值的方法得到的 0～10 cm 土壤层重金属含量的空间分布。从图 6.1 来看，Hg 的高浓度区分布在五彩湾煤电化工带与大井煤田煤化工产业园间及下方东南区域；较高浓度区在研究东南区域；低浓度区分布在研究区西部区域和东北部区域。Pb 的高浓度区分布在五彩湾煤电化工带与火烧山高载能产业区附近区域；较高浓度区分布在大井煤田煤化工产业园与将军庙煤化

工产业区南部区域；低浓度区域面积不大，分布在与高浓度区有一定距离的区域。As 的高浓度区分布在研究区东南区域内将军庙煤化工产业区东南方向附近；较高浓度区分布在五彩湾煤电化工带内；低浓度区域面积不大，且分散分布。Cr 的高浓度区出现在五彩湾煤电化工带和大井煤田煤化工产业园之间的区域、火烧山高载能产业区附近北部区域、将军庙煤化工产业区附近西北区域和芨芨湖煤化工产业区周边；较高浓度区分布在高浓度区周边；低浓度区域面积不大，且分散分布。Cu 和 Zn 的空间分布特征较相似，高浓度区出现在五彩湾煤电化工带内及附近西部区域和将军庙煤化工产业区附近西北部区域；较高浓度区分布在高浓度区周边；低浓度区分布在研究区远离工业活动的西部荒漠和研究区东南部。

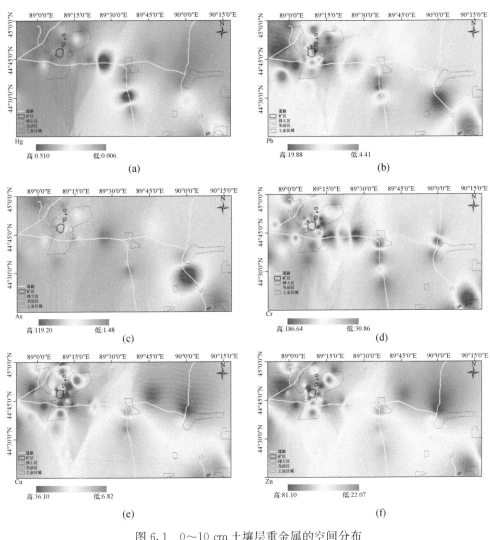

图 6.1　0～10 cm 土壤层重金属的空间分布
(a) Hg；(b) Pb；(c) As；(d) Cr；(e) Cu；(f) Zn

图 6.2 为采用反距离加权空间差值的方法得到的 10～20 cm 土壤层重金属含量的空间分布图。从图 6.2 来看，Hg 的高浓度区分布在五彩湾煤电化工带与火烧山高载能产业区之间、五彩湾煤电化工带内部东北区域、研究区东南部几个煤化工产业区之间的区域和大井煤田煤化工产业园下方南部区域；较高浓度区在高浓度区附近；低浓度区分布在研究区西北部和东北部区域。Pb 的高浓度区分布在五彩湾煤电化工带与火烧山高载能产业区附近区域、将军庙煤化工产业区北部区域；较高浓度区分布在北山煤化工南部区域；低浓度区域面积不大，分布在研究区西部及五彩湾、大井和将军庙之间部分区域。As 的高浓度区分布在大井煤田煤化工产业园附近东北部区域和五彩湾煤电化工带内及附近西部与东部区域；较高浓度

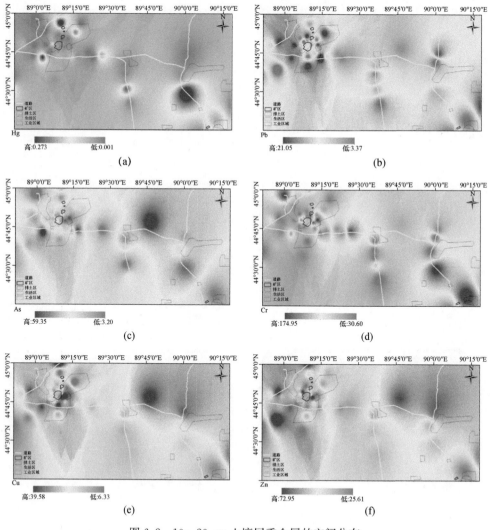

图 6.2　10～20 cm 土壤层重金属的空间分布
(a) Hg；(b) Pb；(c) As；(d) Cr；(e) Cu；(f) Zn

区分布在将军庙煤化工产业区北部区域；低浓度区分布在五彩湾煤电化工带西南、西北部分区域和研究区东南部区域。Cr 与其在 0~10 cm 土壤层的分布特征相似，高浓度区出现在五彩湾煤电化工带与大井煤田煤化工产业园之间的区域、火烧山高载能产业区附近北部区域、将军庙煤化工产业区附近西北区域和芨芨湖煤化工产业区周边；较高浓度区分布在高浓度区周边；低浓度区域面积不大，且分散分布。Cu 和 Zn 与其在 0~10 cm 土壤层的分布特征相似，高浓度区出现在五彩湾煤电化工带内及附近西部区域、将军庙煤化工产业区附近西北区域；较高浓度区分布在高浓度区周边；低浓度区分布在研究区远离工业活动的西部荒漠和研究区东南部区域。

图 6.3 为采用反距离加权空间差值的方法得到的 20~30 cm 土壤层重金属含量的空间分布。从图 6.3 来看，Hg 的高浓度区分布在五彩湾煤电化工带与火烧山高载能产业区之间、五彩湾煤电化工带内部东北区域和大井煤田煤化工产业园下方南部区域；较高浓度区在将军庙煤化工产业区南部区域；低浓度区分布在研究区西北部和东北部区域。Pb 与其在 20~30 cm 土壤层的分布特征相似，高浓度区分布在五彩湾煤电化工带与火烧山高载能产业区附近区域、将军庙煤化工产业区北部区域，较高浓度区分布在北山煤化工南部区域；低浓度区域面积不大，分布在研究区西部及五彩湾、大井和将军庙之间部分区域。As 与其在 20~30 cm 土壤层的分布特征相似，高浓度区分布在大井煤田煤化工产业园附近东北区域、五彩湾煤电化工带内及附近西部与东部区域；较高浓度区分布在将军庙煤化工产业区北部区域；低浓度区分布在五彩湾煤电化工带西南、西北部区域和研究区东南部区域。Cr 与其在 10~20 cm 土壤层的分布特征相似，高浓度区出现在五彩湾煤电化工带与大井煤田煤化工产业园之间的区域、火烧山高载能产业区附近北部区域、将军庙煤化工产业区附近西北部区域和芨芨湖煤化工产业区周边；较高浓度区分布在高浓度区周边；低浓度区域面积不大，且分散分布。Cu 和 Zn 与其在 10~20 cm 土壤层的分布特征相似，高浓度区出现在五彩湾煤电化工带内及附近西部区域、将军庙煤化工产业区附近西北部区域；较高浓度区分布在高浓度区周边；低浓度区分布在研究区远离工业活动的西部荒漠和研究区东南部区域。

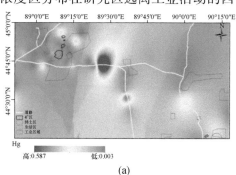

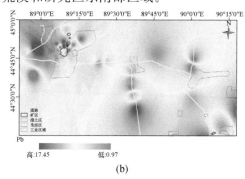

(a)　　　　　　　　　　　　　　　　(b)

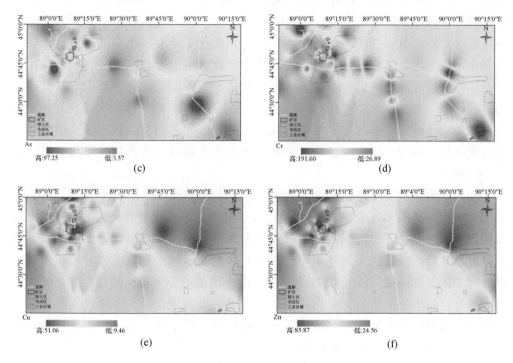

图 6.3　20～30 cm 土壤层重金属的空间分布图

（a）Hg；（b）Pb；（c）As；（d）Cr；（e）Cu；（f）Zn

6.3　土壤重金属污染分析

6.3.1　单因子指数法评价

以昌吉州土壤重金属 Hg、Pb、As、Cr、Cu 和 Zn 的背景值为标准，参照基准值分别为：0.080 mg/kg、10.200 mg/kg、15.000 mg/kg、47.400 mg/kg、24.000 mg/kg 和 64.200 mg/kg。

通过公式计算土壤重金属的单因子指数，结果如表 6.12 所示。从表 6.12 来看，3 个土壤层重金属中，清洁元素为 Hg、Cu 和 Zn，轻污染元素为 Pb 和 Cr，中污染元素为 As。6 种重金属污染程度的排序由大到小依次是：As＞Cr＞Pb＞Cu＞Hg＞Zn。

表 6.12　土壤重金属单因子指数评价

土层/cm	项目	Hg	Pb	As	Cr	Cu	Zn
0～10	最大值	6.37	1.96	7.95	3.95	1.51	1.27
	最小值	0.09	0.43	0.10	0.65	0.28	0.34
	均值	0.82	1.31	2.18	1.77	0.81	0.75
	污染程度	清洁	轻污染	中污染	轻污染	清洁	清洁
10～20	最大值	3.41	2.06	3.96	3.69	1.65	1.14
	最小值	0.01	0.33	0.21	0.63	0.26	0.40
	均值	0.71	1.18	2.05	1.68	0.77	0.75
	污染程度	清洁	轻污染	中污染	轻污染	清洁	清洁
20～30	最大值	7.34	1.71	6.49	4.05	2.13	1.34
	最小值	0.04	0.08	0.24	0.56	0.39	0.38
	均值	0.80	1.12	2.15	1.70	0.78	0.72
	污染程度	清洁	轻污染	中污染	轻污染	清洁	清洁

6.3.2　综合污染指数法评价

根据熵值法计算出土壤重金属的指标权重,见表 6.13。

表 6.13　土壤重金属指标权重

土层/cm	项目	Hg	Pb	As	Cr	Cu	Zn
0～10	权重	0.457	0.065	0.074	0.241	0.084	0.079
10～20	权重	0.387	0.086	0.069	0.280	0.094	0.085
20～30	权重	0.412	0.053	0.082	0.215	0.152	0.087

通过公式计算土壤重金属的综合污染指数,结果如表 6.14 所示。从表 6.14 来看,3 个土壤层中 6 种重金属综合污染程度为轻污染。土壤深度增加,重金属综合污染程度也随之降低。Hg、Cr 和 As 对土壤重金属综合污染指数的贡献较大,Pb、Cu 和 Zn 对土壤重金属综合污染指数的贡献小。

表 6.14　土壤重金属综合污染指数评价

土层/cm	项目	Hg	Pb	As	Cr	Cu	Zn	P_{com}
0～10	最大值	2.91	0.13	0.59	0.95	0.13	0.10	4.01
	最小值	0.04	0.03	0.01	0.16	0.02	0.03	0.46
	均值	0.37	0.09	0.16	0.43	0.07	0.06	1.18
	污染程度	清洁	清洁	清洁	清洁	清洁	清洁	轻污染

续表

土层/cm	项目	Hg	Pb	As	Cr	Cu	Zn	P_{com}
10~20	最大值	1.32	0.18	0.27	1.03	0.16	0.10	2.73
	最小值	0.01	0.03	0.01	0.18	0.02	0.03	0.52
	均值	0.28	0.10	0.14	0.47	0.07	0.06	1.12
	污染程度	清洁	清洁	清洁	清洁	清洁	清洁	轻污染
20~30	最大值	3.02	0.09	0.53	0.87	0.32	0.12	3.98
	最小值	0.02	0.00	0.02	0.12	0.06	0.03	0.49
	均值	0.33	0.06	0.18	0.37	0.12	0.06	1.11
	污染程度	清洁	清洁	清洁	清洁	清洁	清洁	轻污染

6.3.3 内梅罗综合污染指数法评价

通过公式计算土壤重金属的内梅罗综合污染指数，结果如表6.15所示。从表6.15来看，在0~10 cm、10~20 cm和20~30 cm土壤层中，重污染元素为Hg和As，中污染元素为Pb，轻污染元素为Cu；Cr在0~10 cm和20~30 cm土壤层中为重污染，在10~20 cm土壤层中为中污染；Zn在0~10 cm和20~30 cm土壤层中为轻污染，在10~20 cm土壤层中为警戒。

表6.15 土壤重金属内梅罗综合污染指数评价

土层/cm	项目	Hg	Pb	As	Cr	Cu	Zn
0~10	内梅罗综合污染指数 $P_{综}$	4.54	1.66	5.83	3.06	1.21	1.04
	污染程度	重污染	中污染	重污染	重污染	轻污染	轻污染
10~20	内梅罗综合污染指数 $P_{综}$	2.46	1.68	3.15	2.87	1.29	0.96
	污染程度	重污染	中污染	重污染	中污染	轻污染	警戒
20~30	内梅罗综合污染指数 $P_{综}$	5.22	1.45	4.83	3.10	1.60	1.08
	污染程度	重污染	中污染	重污染	重污染	轻污染	轻污染

6.3.4 地累积指数法评价

计算3个土壤层采样点6种重金属的地累积指数并取均值，结果如表6.16所示。从表6.16来看，3个土壤层As和Cr为轻-中度污染，Hg、Pb、Cu和Zn为无污染。6种重金属污染程度的排序由大到小依次是：As>Cr>Pb>Cu>Hg>Zn。

表 6.16　土壤重金属地累积指数评价

土层/cm	项目	Hg	Pb	As	Cr	Cu	Zn
0~10	地累积指数 I_{geo}	−0.87	−0.20	0.54	0.24	−0.89	−1.00
	污染等级	1	1	2	2	1	1
	污染程度	无污染	无污染	轻-中污染	轻-中污染	无污染	无污染
10~20	地累积指数 I_{geo}	−1.08	−0.35	0.45	0.16	−0.96	−1.01
	污染等级	1	1	2	2	1	1
	污染程度	无污染	无污染	轻-中污染	轻-中污染	无污染	无污染
20~30	地累积指数 I_{geo}	−0.90	−0.42	0.52	0.18	−0.95	−1.05
	污染等级	1	1	2	2	1	1
	污染程度	无污染	无污染	轻-中污染	轻-中污染	无污染	无污染

6.3.5　潜在生态危害指数法评价

通过公式计算土壤重金属的单个潜在危害因子和潜在生态危害指数,结果如表 6.17 所示。从表 6.17 来看,根据单个重金属潜在危害因子分类表:在 0~10 cm、10~20 cm 和 20~30 cm 土壤层中,Hg、Pb、As、Cr、Cu 和 Zn 的潜在危害因子均小于 40,为轻微潜在生态危害。6 种重金属潜在生态危害排序由大到小依次是:Hg>As>Pb>Cu>Cr>Zn。研究区潜在生态危害指数 H_{RI} 在 21.40~313.31,均值在 62.83~69.52,为轻微潜在生态危险。

表 6.17　土壤重金属潜在生态危害因子与指数

土层/cm	项目	Hg	Pb	As	Cr	Cu	Zn	H_{RI}
0~10	最大值	254.69	9.78	79.47	7.89	7.53	1.27	272.76
	最小值	3.42	2.16	0.98	1.30	1.42	0.34	27.06
	均值	32.79	6.54	21.83	3.55	4.06	0.75	69.52
	污染程度	轻微	轻微	轻微	轻微	轻微	轻微	轻微
10~20	最大值	136.29	10.30	39.58	7.38	8.26	1.14	183.47
	最小值	0.50	1.65	2.13	1.25	1.32	0.40	21.40
	均值	28.48	5.89	20.52	3.35	3.86	0.75	62.83
	污染程度	轻微	轻微	轻微	轻微	轻微	轻微	轻微
20~30	最大值	293.58	8.55	64.88	8.10	10.66	1.34	313.31
	最小值	1.72	0.40	2.35	1.13	1.97	0.38	26.44
	均值	32.16	5.59	21.50	3.40	3.89	0.72	67.26
	污染程度	轻微	轻微	轻微	轻微	轻微	轻微	轻微

6.4 本章小结

3 个土壤层重金属均值表现为：Cr 最高，Hg 最低，由大到小排序依次是 Cr＞Zn＞As＞Cu＞Pb＞Hg。Hg、As、Cr 和 Pb 污染严重。Hg 为强变异，其他 5 种元素为中等变异，由大到小排序依次是 Hg＞Cr＞As＞Cu＞Pb＞Zn。Pb、Cu、Zn 和 As 含量呈正态分布，Hg 和 Cr 呈非正态分布。

0～30 cm 土壤层中 Hg、Cr 及 Cr、Cu、Zn 重金属的来源和迁移、富集等过程可能有着一定的共同性。

3 个土壤层 6 种重金属中：Cu 和 Zn 为第一主成分因子，表征自然因素；Hg、Cr 和 Pb 为第二主成分因子，表征人为因素。

3 个土壤层 6 种重金属的空间自相关性低，呈随机分布特征。3 个土壤层 Hg 的高浓度区分布在五彩湾煤电化工带与大井煤田煤化工产业园间及下方东南区域；较高浓度区在研究区东南部区域；低浓度区分布在研究区西部区域和东北区域。Pb 的高浓度区分布在五彩湾煤电化工带与火烧山高载能产业区附近区域；较高浓度区分布在大井煤田煤化工产业园与将军庙煤化工产业区南部区域；低浓度区域面积不大，分布在与高浓度区有一定距离的区域。As 的高浓度区分布在研究区东南部区域内将军庙煤化工产业区东南方向附近；较高浓度区分布在五彩湾煤电化工带内；低浓度区域面积不大，且分散分布。Cr 的高浓度区出现在五彩湾煤电化工带和大井煤田煤化工产业园之间的区域、火烧山高载能产业区附近北部区域、将军庙煤化工产业区附近西北区域和芨芨湖煤化工产业区周边；较高浓度区分布在高浓度区周边；低浓度区域面积不大，且分散分布。Cu 和 Zn 的空间分布特征较相似，高浓度区出现在五彩湾煤电化工带内及附近西部区域、将军庙煤化工产业区附近西北区域；较高浓度区分布在高浓度区周边；低浓度区分布在研究区远离工业活动的西部荒漠和研究区东南部区域。

从单因子指数评价来看：在 0～10 cm、10～20 cm 和 20～30 cm 土壤层中，清洁元素为 Hg、Cu 和 Zn，轻污染元素为 Pb 和 Cr，中污染元素为 As。从综合污染指数来看：0～10 cm、10～20 cm 和 20～30 cm 土壤层中，土壤重金属综合污染程度为轻污染；土壤深度增加，土壤重金属综合污染程度随之下降；Hg、Cr 和 As 对土壤重金属综合污染指数的贡献较大，Pb、Cu 和 Zn 对土壤重金属的综合污染指数的贡献小。从内梅罗综合污染指数评价来看：在 0～10 cm、10～20 cm 和20～30 cm 土壤层中，重污染元素为 Hg 和 As，中污染元素为 Pb，轻污染元素为 Cu；Cr 在 0～10 cm 和 20～30 cm 土壤层中为重污染，在 10～20 cm 土壤层中为中污染；Zn 在 0～10 cm 和 20～30 cm 土壤层中为轻污染，在 10～20 cm 土壤层中为警戒。从地累积指数评价来看：在 0～10 cm 和 20～30 cm 土壤层中，轻-中度污染元素为 As 和 Cr，无污染元素为 Hg、Pb、Cu 和 Zn。从潜在生态危害指数评价来看：在 0～10 cm 和 20～30 cm 土壤层中，轻微潜在生态危害元素为 Hg、Pb、As、Cr、Cu 和 Zn，研究区表现为轻微潜在生态危险。

第7章 植物重金属的特征及污染评价

7.1 植物重金属的特征

7.1.1 植物重金属的统计特征

在植物重金属测定中未检测出 Pb。

通过 SPSS 19.0 分析 26 个采样点琵琶柴的地上部分和地下部分中 5 种重金属含量，得到其统计结果（表 7.1）。从表 7.1 可以看出：琵琶柴地上部分重金属含量的均值，Zn 最高，Hg 最低，由大到小排序依次是 Zn＞Cr＞Cu＞As＞Hg；其地下部分重金属含量的均值，Zn 最高，Hg 最低，由大到小排序依次是 Zn＞Cr＞Cu＞As＞Hg；除 Zn 外，琵琶柴地上部分的 Hg、As、Cr 和 Cu 含量的均值均小于地下部分。从变异系数来看，琵琶柴地上部分和地下部分的 Hg 变异系数分别为 2.880 和 2.110，属强变异；其地上部分和地下部分的 As、Cr、Cu 和 Zn 变异系数分别在 0.440～0.920 和 0.380～0.760，属中等变异；琵琶柴地上部分的变异系数由大到小排序依次是 Hg＞Cr＞Zn＞As＞Cu，地下部分的变异系数由大到小排序依次也是 Hg＞Cr＞Zn＞As＞Cu。从偏度系数来看，琵琶柴地上部分的重金属偏度系数在 1.330～4.700，5 种重金属元素呈右偏态；其地下部分的重金属偏度系数在 1.090～3.220，5 种重金属元素呈右偏态。从峰度系数来看，琵琶柴地上部分的重金属峰度系数在 1.990～22.790；As 的峰度系数值在 5 种重金属中较小，为 1.990，分布曲线略接近正态分布；Cu 的峰度系数值为 4.450，分布曲线与 As 相比较陡峭；Zn 的峰度系数为 9.910，分布曲线与 As 相比变的更陡峭；Cr 和 Hg 的峰度系数分别达到了 15.250 和 22.790，分布曲线与 As 相比非常陡峭；琵琶柴地下部分的重金属偏度系数在 1.150～10.140；Cr 的峰度系数值在 5 种重金属中较小，为 1.150，分布曲线略接近正态分布；Cu 的峰度系数值为 2.800，分布曲线与 Cr 相比较陡峭；Zn 和 As 的峰度系数分别为 3.990 和 4.180，分布曲线与 Cr 相比变的更陡峭；Hg 的峰度系数达到了 10.140，分布曲线较 Cr 相比非常陡峭；结果表明，琵琶柴地上部分的重金属偏度系数大于地下部分，说明其分布曲线较地上部分曲线较陡峭。琵琶柴地上部分 Hg 含量的 p 值小于 0.050，说明其地上部分 Hg 呈非正态分布，而 As、Cr、Cu 和 Zn 含量的 p 值均大于 0.050，As、Cr、Cu

和 Zn 含量呈正态分布；琵琶柴地下部分 Hg 和 Zn 含量的 p 值小于 0.050，说明其地下部分 Hg 和 Zn 含量呈非正态分布，而 As、Cr 和 Cu 含量的 p 值均大于 0.050，As、Cr 和 Cu 含量呈正态分布。

表 7.1　琵琶柴重金属含量统计分析

元素	植物部位	最大值/(mg/kg)	最小值/(mg/kg)	均值/(mg/kg)	标准差/(mg/kg)	变异系数	偏度系数	峰度系数	p 值
Hg	地上部分	0.960	0.002	0.066	0.190	2.880	4.700	22.790	0.000
	地下部分	0.648	0.004	0.072	0.152	2.110	3.220	10.140	0.000
As	地上部分	1.500	0.050	0.450	0.370	0.820	1.490	1.990	0.220
	地下部分	1.810	0.100	0.560	0.380	0.680	1.760	4.180	0.730
Cr	地上部分	46.280	2.490	9.260	8.480	0.920	3.530	15.250	0.120
	地下部分	31.440	0.710	9.910	7.500	0.760	1.090	1.150	0.590
Cu	地上部分	9.990	0.750	4.060	1.800	0.440	1.330	4.450	0.200
	地下部分	9.770	2.140	4.610	1.740	0.380	1.470	2.800	0.260
Zn	地上部分	61.380	2.990	13.670	11.930	0.870	2.820	9.910	0.070
	地下部分	36.230	3.250	10.680	8.110	0.760	2.130	3.990	0.020

通过 SPSS 19.0 分析 13 个采样点梭梭的地上部分和地下部分中 5 种重金属含量，得到其统计结果（表 7.2）。从表 7.2 可以看出：梭梭地上部分重金属含量的均值，Zn 最高，Hg 最低，由大到小排序依次是 Zn＞Cr＞Cu＞As＞Hg；其地下部分重金属含量的均值，Zn 最高，Hg 最低，由大到小排序依次是 Zn＞Cr＞Cu＞As＞Hg；梭梭地上部分的 Hg、As、Cu 和 Cr 含量的均值小于地下部分，而地上部分的 Zn 含量均值大于地下部分。从变异系数来看，梭梭地上部分和地下部分的 Hg 变异系数分别为 1.180 和 1.020，地下部分的 As 变异系数为 1.030，均属强变异；梭梭地上部分 As 及梭梭地上部分和地下部分的 Cr、Cu 和 Zn 变异系数分别在 0.270～0.570 和 0.290～0.420，均属中等变异；其地上部分变异系数由大到小排序依次是 Hg＞As＞Cr＞Zn＞Cu，地下部分变异系数由大到小排序依次也是 As＞Hg＞Cr＞Cu＞Zn。从偏度系数来看，梭梭地上部分重金属偏度系数在−0.960～1.400，Cu 呈左偏态，其他 4 种重金属元素呈右偏态；其地下部分重金属偏度系数在−0.360～1.850，Cu 呈左偏态，其他 4 种重金属元素呈右偏态。从峰度系数来看，梭梭地上部分的重金属峰度系数在−1.710～1.570；Cu、Hg 和 As 的峰度系数值分别为 0.160、0.590 和 0.700，分布曲线较接近正态分布；Zn 和 Cr 的峰度系数分别为 1.570 和−1.710，分布曲线变的略有陡峭；梭梭地下部分的重金属偏度系数在−0.900～2.990；Cu 的峰度系数值在 5 种重金属中最小，为 0.080，非常接近 0，分布曲线极接近正态分布；Cr 的峰度系数为−0.900，分布曲线与 Cu

相比略陡峭；Hg、As 和 Zn 的峰度系数分别为 2.860、2.990 和 2.484，分布曲线与 Cu 相比变的较陡峭；梭梭地下部分的重金属峰度系数大于地上部分，说明地下部分分布曲线较地下部分分布曲线较陡峭。梭梭地上部分 Hg、As、Cr、Cu 和 Zn 含量的 p 值均大于 0.050，说明 5 种元素含量均呈正态分布；其地下部分 Hg、As、Cr、Cu 和 Zn 含量的 p 值均大于 0.050，说明 5 种元素含量同样呈正态分布。

表 7.2　梭梭重金属含量统计分析

元素	植物部位	最大值/(mg/kg)	最小值/(mg/kg)	均值/(mg/kg)	标准差/(mg/kg)	变异系数	偏度系数	峰度系数	p 值
Hg	地上部分	0.249	0.005	0.072	0.085	1.180	1.400	0.590	0.360
	地下部分	0.222	0.004	0.062	0.063	1.020	1.700	2.860	0.610
As	地上部分	0.420	0.060	0.210	0.120	0.570	0.610	0.700	0.930
	地下部分	1.030	0.060	0.290	0.300	1.030	1.850	2.990	0.190
Cr	地上部分	17.980	6.420	11.690	4.000	0.340	0.070	−1.710	0.700
	地下部分	18.260	5.210	10.240	4.350	0.420	0.890	−0.900	0.200
Cu	地上部分	8.170	2.470	6.030	1.650	0.270	−0.960	0.160	0.660
	地下部分	9.870	2.230	6.590	2.100	0.320	−0.360	0.080	1.000
Zn	地上部分	22.420	7.690	13.170	3.880	0.290	0.940	1.570	0.950
	地下部分	20.490	7.200	11.800	3.450	0.290	1.370	2.480	0.450

通过 SPSS 19.0 分析 15 个采样点蛇麻黄的地上部分和地下部分中 5 种重金属含量，得到其统计结果（表 7.3）。从表 7.3 可以看出：蛇麻黄地上部分重金属含量的均值，Zn 最高，Hg 最低，由大到小排序依次是 Zn>Cr>Cu>As>Hg；其地下部分重金属含量的均值，Cu 最高，Hg 最低，由大到小排序依次是 Cu>Zn>Cr>As>Hg；除 As 外，蛇麻黄地上部分的 Hg、Cr、Cu 和 Zn 含量的均值均小于地下部分。从变异系数来看，蛇麻黄地上部分 5 种元素的变异系数在 0.280~0.580，属中等变异，由大到小排序依次是 Cu>As>Zn>Hg>Cr；其地下部分 5 种元素的变异系数在 0.370~0.790，属中等变异，由大到小排序也是 Cu>Hg>As>Cr>Zn。从偏度系数来看，蛇麻黄地上部分的重金属偏度系数在 −0.310~2.100，Hg 属左偏态，其他 4 种重金属元素呈右偏态；其地下部分的重金属偏度系数在 0.250~1.170，5 种重金属元素均呈右偏态。从峰度系数来看，蛇麻黄地上部分的重金属峰度系数在 −0.900~5.600，Hg、Cr 和 Zn 的峰度系数值分别为 0.340、−0.750 和 −0.900，分布曲线较接近正态分布；Cu 的峰度系数为 1.550，分布曲线变的略陡峭；As 的峰度系数为 5.600，分布曲线变的较陡峭；蛇麻黄地下部分的重金属偏度系数在 −1.590~0.860，Zn 的峰度系数值在 5 种重金属中最小，为 −0.230，接近 0，分布曲线接近正态分布；Hg 和 Cr 的峰度系数分别为 0.860 和 −0.940，分布曲线与 Zn 相比略陡峭；As 和 Cu 的峰度系数分别为 −1.590 和 −1.500，

分布曲线与 Zn 相比变的较陡峭。蛇麻黄地上部分 Hg、As、Cr、Cu 和 Zn 含量的 p 值均大于 0.050，说明 5 种元素含量呈正态分布；其地下部分 Hg、As、Cr、Cu 和 Zn 含量的 p 值也大于 0.050，说明 5 种元素含量同样呈正态分布。

表 7.3　蛇麻黄重金属含量统计分析

元素	植物部位	最大值/ (mg/kg)	最小值/ (mg/kg)	均值/ (mg/kg)	标准差/ (mg/kg)	变异系数	偏度系数	峰度系数	p 值
Hg	地上部分	0.090	0.010	0.057	0.021	0.370	−0.310	0.340	0.940
	地下部分	0.149	0.021	0.067	0.034	0.510	1.170	0.860	0.380
As	地上部分	0.400	0.060	0.150	0.090	0.470	2.100	5.600	0.340
	地下部分	0.250	0.050	0.140	0.070	0.500	0.310	−1.590	0.430
Cr	地上部分	13.470	4.750	9.430	2.610	0.280	0.220	−0.750	0.930
	地下部分	22.330	6.720	12.680	5.440	0.430	0.810	−0.940	0.500
Cu	地上部分	14.190	2.720	6.040	3.490	0.580	1.550	1.550	0.200
	地下部分	60.770	4.400	27.000	21.250	0.790	0.360	−1.500	0.350
Zn	地上部分	20.360	7.430	11.990	5.020	0.420	1.000	−0.900	0.090
	地下部分	35.090	8.710	19.960	7.340	0.370	0.250	−0.230	1.000

　　通过 SPSS 19.0 分析 28 个采样点假木贼的地上部分和地下部分中 5 种重金属含量，得到其统计结果（表 7.4）。从表 7.4 可以看出：假木贼地上部分重金属含量的均值，Zn 最高，Hg 最低，由大到小排序依次是 Zn>Cr>Cu>As>Hg；其地下部分重金属含量的均值，Cr 最高，Hg 最低，由大到小排序依次是 Cr>Zn>Cu>As>Hg；除 As 外，其地上部分的 Hg、Cr、Cu 和 Zn 含量均值均小于地下部分。从变异系数来看，假木贼地上部分 5 种元素的变异系数在 0.190~0.950，属中等变异，由大到小排序依次是 Hg>As>Cr>Cu>Zn；其地下部分 5 种元素的变异系数在 0.310~1.430，Cu、Zn 和 As 属中等变异，Hg 和 Cr 属强变异，变异系数由大到小排序依次也是 Hg>Cr>As>Zn>Cu。从偏度系数来看，假木贼地上部分的重金属偏度系数在 0.650~3.930，5 种重金属元素均呈右偏态；其地下部分的重金属偏度系数在 1.690~3.880，5 种重金属元素同样均呈右偏态。从峰度系数来看，假木贼地上部分的重金属峰度系数在 0.510~17.750，Zn 的峰度系数值在 5 种重金属中较小，为 0.510，分布曲线较接近正态分布；Cu 和 Hg 的峰度系数分别为 1.210 和 1.310，分布曲线与 Zn 相比较陡峭；Cr 和 As 的峰度系数分别达到 11.060 和 17.750，分布曲线较 Zn 相比非常陡峭；假木贼地下部分的重金属偏度系数在 3.430~17.850，As 的峰度系数值在 5 种重金属中较小，为 3.430，分布曲线较陡峭；Cu 的峰度系数为 5.280，分布曲线与 As 相比更陡峭；Zn、Hg 和 As 的峰度系数分别为 15.370、16.060 和 17.854，分布曲线与 As 相比变的非常陡

峭；除 As 外，假木贼地下部分 4 种重金属元素的峰度系数均大于地上部分，说明其分布曲线较地上部分更陡峭。假木贼地上部分 As 含量的 p 值小于 0.050，说明假木贼地上部分 As 呈非正态分布，Hg、Cr、Cu 和 Zn 含量的 p 值均大于 0.050，说明其含量呈正态分布；假木贼地下部分 Hg 和 Zn 含量的 p 值小于 0.050，说明其地下部分 Hg 和 Zn 呈非正态分布，As、Cr 和 Cu 含量的 p 值均大于 0.050，说明其含量呈正态分布。

表 7.4　假木贼重金属含量统计分析

元素	植物部位	最大值/(mg/kg)	最小值/(mg/kg)	均值/(mg/kg)	标准差/(mg/kg)	变异系数	偏度系数	峰度系数	p 值
Hg	地上部分	0.476	0.009	0.129	0.123	0.950	1.320	1.310	0.120
	地下部分	0.995	0.005	0.134	0.191	1.430	3.710	16.060	0.010
As	地上部分	2.010	0.140	0.390	0.350	0.900	3.930	17.750	0.030
	地下部分	1.160	0.060	0.320	0.250	0.680	1.690	3.430	0.130
Cr	地上部分	62.960	1.980	13.810	11.860	0.860	3.000	11.060	0.090
	地下部分	138.550	0.940	19.570	25.750	1.320	3.880	17.850	0.060
Cu	地上部分	7.440	3.490	4.850	0.990	0.200	1.120	1.210	0.720
	地下部分	13.470	3.240	6.370	1.990	0.310	1.780	5.280	0.430
Zn	地上部分	16.930	8.180	11.690	2.240	0.190	0.650	0.510	0.600
	地下部分	57.050	6.440	14.660	9.490	0.650	3.620	15.370	0.020

7.1.2　植物重金属的相关性分析

通过 SPSS 19.0 分析 26 个采样点琵琶柴的地上部分和地下部分中 5 种重金属含量的相关系数，得到其相关系数矩阵（表 7.5），并在 0.010 或 0.050 水平下对计算结果做显著性检验。如表 7.5 所示，琵琶柴地上部分 Hg-Cr、Hg-As、Hg-Cu、As-Cr、Cu-As 和 Cu-Cr 相关性显著，地下部分 As-Cr、Cu-As、Cu-Cr 和 Cu-Zn 相关性显著。其地上部分 Hg、Cr 及 Cu、As，地下部分 As、Cr、Cu 及 Zn、Cu 在重金属的来源和迁移、富集等过程上可能有着一定的共同性。

表 7.5　琵琶柴重金属含量相关性分析

植物部位	元素	Hg	As	Cr	Cu	Zn
地上部分	Hg	1.00	0.43*	0.85**	0.41*	0.12
	As		1.00	0.65**	0.85**	0.12
	Cr			1.00	0.49*	−0.06
	Cu				1.00	0.18
	Zn					1.00

续表

植物部位	元素	Hg	As	Cr	Cu	Zn
地下部分	Hg	1.00	−0.04	0.21	0.26	0.04
	As		1.00	0.60**	0.60**	0.21
	Cr			1.00	0.61**	0.22
	Cu				1.00	0.63**
	Zn					1.00

注：**表示相关性在 0.010 水平上显著；*表示相关性在 0.050 水平上显著。

通过 SPSS 19.0 分析 13 个采样点梭梭的地上部分和地下部分中 5 种重金属含量的相关系数，得到其相关系数矩阵（表 7.6），并在 0.010 或 0.050 水平下对计算结果做显著性检验。如表 7.6 所示，梭梭地上部分 Hg-Cr、Zn-As 和 Zn-Cu 相关性显著，地下部分 As-Cr、Cu-Cr、Zn-As、Zn-Cr 和 Zn-Cu 相关性显著。其地上部分 Hg、Cr 及 Zn、Cu、As，地下部分 As、Cr、及 Zn、Cu 在重金属的来源和迁移、富集等过程上可能有着一定的共同性。

表 7.6 梭梭重金属含量相关性分析

植物部位	元素	Hg	As	Cr	Cu	Zn
地上部分	Hg	1.00	−0.14	−0.64*	−0.46	−0.18
	As		1.00	0.18	0.27	0.60*
	Cr			1.00	0.30	0.25
	Cu				1.00	0.61*
	Zn					1.00
地下部分	Hg	1.00	−0.19	−0.46	−0.08	−0.19
	As		1.00	0.71**	0.40	0.62*
	Cr			1.00	0.65*	0.74**
	Cu				1.00	0.63*
	Zn					1.00

注：**表示相关性在 0.010 水平上显著；*表示相关性在 0.050 水平上显著。

通过 SPSS 19.0 分析 15 个采样点蛇麻黄的地上部分和地下部分中 5 种重金属含量的相关系数，得到其相关系数矩阵（表 7.7），并在 0.010 或 0.050 水平下对计算结果做显著性检验。如表 7.7 所示，蛇麻黄地上部分 Hg-Zn 相关性显著，地下部分 Zn-Cr 和 Zn-Cu 相关性显著。其地上部分 Hg、Zn，地下部分 Zn、Cu 和 Cr

在重金属的来源和迁移、富集等过程上可能有着一定的共同性。

表 7.7 蛇麻黄重金属含量相关性分析

植物部位	元素	Hg	As	Cr	Cu	Zn
地上部分	Hg	1.00	0.42	0.21	−0.20	−0.54*
	As		1.00	−0.01	−0.20	−0.23
	Cr			1.00	0.17	0.04
	Cu				1.00	0.27
	Zn					1.00
地下部分	Hg	1.00	0.10	0.39	0.06	0.28
	As		1.00	−0.01	0.11	0.18
	Cr			1.00	0.22	0.53*
	Cu				1.00	0.83**
	Zn					1.00

注：**表示相关性在 0.010 水平上显著；*表示相关性在 0.050 水平上显著。

通过 SPSS 19.0 分析 28 个采样点假木贼的地上部分和地下部分中 5 种重金属含量的相关系数，得到其相关系数矩阵（表 7.8.），并在 0.010 或 0.050 水平下对计算结果做显著性检验。如表 7.8 所示，假木贼地上部分 Hg-Cr 和 Cr-As 相关性显著，地下部分 Hg-As、Hg-Cr、Hg-Zn、As-Cr、Cu-As、Cu-Cr、Zn-Hg、Zn-As、Zn-Cr 和 Zn-Cu 相关性显著。其地上部分 Hg、Cr、As，地下部分 Hg、Cr、As 及 Zn、Cr 在重金属的来源和迁移、富集等过程上可能有着一定的共同性。

表 7.8 假木贼重金属含量相关性分析

植物部位	元素	Hg	As	Cr	Cu	Zn
地上部分	Hg	1.00	−0.12	−0.40*	0.17	−0.26
	As		1.00	0.38*	−0.15	−0.26
	Cr			1.00	−0.01	−0.01
	Cu				1.00	0.06
	Zn					1.00
地下部分	Hg	1.00	0.63**	0.70**	0.27	0.74**
	As		1.00	0.68**	0.48*	0.75**
	Cr			1.00	0.38*	0.93**
	Cu				1.00	0.55**
	Zn					1.00

注：**表示相关性在 0.010 水平上显著；*表示相关性在 0.050 水平上显著。

7.1.3　植物重金属的因子分析

通过 SPSS 19.0 软件对植物重金属进行 KMO 检验和 Bartlett's 球度检验，得到 KMO 统计量和 Bartlett 球型检验 p 值（见表 5.9）。琵琶柴地上部分和地下部分重金属的 KMO 统计量分别是 0.49 和 0.57，地上部分 KMO 统计量略小于 0.50，地下部分 KMO 统计量大于 0.50，且均通过了 Bartlett's 球度检验；地下部分满足因子分析条件，地上部分可以尝试做因子分析。梭梭地上部分和地下部分重金属的 KMO 统计量分别是 0.54 和 0.67，均大于 0.50，地上部分未通过 Bartlett 球型检验，地下部分通过 Bartlett 球型检验；地下部分满足因子分析条件，地上部分可以尝试做因子分析。蛇麻黄地上部分和地下部分重金属的 KMO 统计量分别是 0.55 和 0.47，地上部分 KMO 统计量略大于 0.50，地下部分 KMO 统计量略小于 0.50，地上部分未通过 Bartlett 球型检验，地下部分通过 Bartlett 球型检验；地上部分和地下部分均可尝试做因子分析。假木贼地上部分和地下部分重金属的 KMO 统计量分别是 0.50 和 0.73，地上部分 KMO 统计量等于 0.50，地下部分 KMO 统计量大于 0.50，地上部分未通过 Bartlett 球型检验，地下部分通过 Bartlett 球型检验；地下部分满足因子分析条件，地上部分可以尝试做因子分析。

表 7.9　植物重金属含量 KMO 检验和 Bartlett's 球度检验

植物名称	植物部位	KMO 统计量	Bartlett 球型检验 p 值
琵琶柴	地上部分	0.49	0.000
	地下部分	0.57	0.000
梭梭	地上部分	0.54	0.073
	地下部分	0.67	0.005
蛇麻黄	地上部分	0.55	0.539
	地下部分	0.47	0.009
假木贼	地上部分	0.50	0.190
	地下部分	0.73	0.000

以琵琶柴地上部分和地下部分 5 种重金属含量为变量，以主成分法作为因子载荷阵估算方法，再用方差最大化法进行因子旋转，得到因子分析计算结果，详见表 7.10。地上部分第一、二主成分特征值均大于 1，分别为 2.80 和 1.13，累计方差贡献率在 78.42%；地下部分第一、二主成分特征值均大于 1，分别为 2.46 和 1.09，累计方差贡献率在 69.84%。前 2 个因子分析就能够反映琵琶柴地上部分和地下部分重金属的大部分信息。

琵琶柴地上部分重金属 Cr、As 和 Hg 的 PC1 具有较高的正载荷；同时，根据相关性分析，3 种元素有着显著的相关性；Hg 变异系数高，可以表征人为因素；

Zn 的 PC2 具有高正载荷，可以表征自然因素。琵琶柴地下部分重金属 Cu、As 和 Cr 的 PC1 具有较高的正载荷，可以表征自然因素；Hg 的 PC2 具有高正载荷，可以表征人为因素。

表 7.10 琵琶柴重金属含量旋转因子载荷矩阵

植物部位	项目	Hg	As	Cr	Cu	Zn	特征值	方差贡献率/%	累计贡献率/%
地上部分	PC1	0.82	0.83	0.93	0.76	−0.01	2.80	55.90	55.90
	PC2	−0.09	0.30	−0.19	0.42	0.90	1.13	22.52	78.42
地下部分	PC1	0.08	0.81	0.78	0.90	0.61	2.46	49.13	49.13
	PC2	0.98	−0.21	0.18	0.22	0.06	1.09	20.71	69.84

以梭梭地上部分和地下部分 5 种重金属含量为变量，以主成分法作为因子载荷阵估算方法，再用方差最大化法进行因子旋转，得到因子分析计算结果，详见表 7.11。地上部分第一、二主成分特征值均大于 1，分别为 1.91 和 1.81，累计方差贡献率在 74.40%；地下部分第一、二主成分特征值均大于 1，分别为 2.79 和 1.20，累计方差贡献率在 79.62%。前 2 个因子分析就能够反映梭梭地上部分和地下部分重金属的大部分信息。

梭梭地上部分重金属 As 和 Zn 的 PC1 具有较高的正载荷；同时，根据相关性分析，2 种元素有着显著的相关性，可以表征自然因素；Hg 和 Cr 的 PC2 具有高正载荷，可以表征人为因素。梭梭地下部分重金属 Zn、Cr、Cu 和 As 的 PC1 具有较高的正载荷，可以表征自然因素；Hg 的 PC2 具有高正载荷，可以表征人为因素。

表 7.11 梭梭重金属含量旋转因子载荷矩阵

植物部位	项目	Hg	As	Cr	Cu	Zn	特征值	方差贡献率/%	累计贡献率/%
地上部分	PC1	−0.09	0.82	0.12	0.62	0.91	1.91	38.22	38.22
	PC2	−0.91	0.00	0.85	0.48	0.14	1.81	36.18	74.40
地下部分	PC1	−0.09	0.77	0.85	0.83	0.89	2.79	55.73	55.73
	PC2	0.98	−0.20	−0.43	0.09	−0.10	1.20	23.89	79.62

以蛇麻黄地上部分和地下部分 5 种重金属含量为变量，以主成分法作为因子载荷阵估算方法，再用方差最大化法进行因子旋转，得到因子分析计算结果，详见表 7.12。地上部分第一、二主成分特征值均大于 1，分别为 1.95 和 1.20，累计方差贡献率在 62.96%；地下部分第一、二主成分特征值均大于 1，分别为 1.79 和 1.58，累计方差贡献率在 67.34%。前 2 个因子分析就能够反映蛇麻黄地上部分和地下部分重金属的大部分信息。

蛇麻黄地上部分重金属 Hg 的 PC1 具有较高的正载荷，可以表征人为因素；Cr 和 Cu 的 PC2 具有高正载荷，可以表征自然因素。蛇麻黄地下部分重金属 Zn 和 Cu 的 PC1 具有较高的正载荷，可以表征自然因素；Hg 的 PC2 具有高正载荷，可以表征人为因素。

表 7.12　蛇麻黄重金属含量旋转因子载荷矩阵

植物部位	项目	Hg	As	Cr	Cu	Zn	特征值	方差贡献率/%	累计贡献率/%
地上部分	PC1	0.87	0.65	0.17	−0.44	−0.75	1.95	39.04	39.04
	PC2	0.20	−0.07	0.87	0.61	0.16	1.20	23.92	62.96
地下部分	PC1	−0.08	0.35	0.22	0.93	0.86	1.79	35.80	35.80
	PC2	0.84	−0.06	0.81	0.11	0.44	1.58	31.54	67.34

以假木贼地上部分和地下部分 5 种重金属含量为变量，以主成分法作为因子载荷阵估算方法，再用方差最大化法进行因子旋转，得到因子分析计算结果，详见表 7.13。地上部分第一主成分特征值为 1.64，第二主成分特征值为 1.33，均大于 1，累计方差贡献率为 59.43%；地下部分第一主成分特征值为 2.97，第二主成分特征值在 1.32，均大于 1，累计方差贡献率在 85.81%。前 2 个因子分析就能够反映假木贼地上部分和地下部分重金属的大部分信息。

假木贼地上部分重金属 As 和 Cr 的 PC1 具有较高的正载荷，可以表征人为因素；Zn 的 PC2 具有高正载荷，可以表征自然因素。假木贼地下部分重金属 Hg 的 PC1 具有较高的正载荷，可以表征人为因素；Cu 的 PC2 具有高正载荷，可以表征自然因素。

表 7.13　假木贼重金属含量旋转因子载荷矩阵

植物部位	项目	Hg	As	Cr	Cu	Zn	特征值	方差贡献率/%	累计贡献率/%
地上部分	PC1	−0.52	0.77	0.76	−0.35	−0.26	1.64	32.80	32.80
	PC2	−0.69	−0.32	0.25	0.03	0.84	1.33	26.63	59.43
地下部分	PC1	0.89	0.75	0.90	0.19	0.87	2.97	59.46	59.46
	PC2	0.03	0.41	0.23	0.97	0.41	1.32	26.35	85.81

7.2　植物重金属空间分布特征

7.2.1　空间自相关分析

为分析研究区植物重金属的空间分布，本节对采样点植物地上部分和地下部分重金属含量的加和，作为整株植物的重金属含量，并做均值处理，代表采样点植物重金属含量。

表 7.14 为植物重金属的 Moran 指数及其显著性检验。植物重金属的 Moran 指数在-0.062~0.015，植物 5 种重金属元素的 Moran 值接近 0，空间自相关极低，空间分布呈随机分布特征，5 种重金属元素均未通过 0.050 水平下的显著性检验。因而，植物重金属的外空间自相关性极低，使得植物重金属含量的分布具有随机性。

表 7.14　植物重金属含量 Moran 指数及显著性检验

元素	Moran's I 指数	p 值
Hg	0.015	0.278
As	−0.026	0.872
Cr	0.004	0.443
Cu	−0.040	0.524
Zn	−0.062	0.212

注：$n=50$，$p<0.050$ 表示通过 0.050 置信区间显著性检验。

7.2.2　空间分布特征

由于植物重金属含量的空间自相关极低，分布呈随机特征，本节采用反距离加权法对植物 5 种重金属含量通量进行空间差值，以期能够从空间上揭示植物重金属的分布特征与规律。

图 7.1 为采用反距离加权空间差值的方法得到的植物重金属含量的空间分布。Hg 的高浓度区出现在将军庙煤化工产业区附近、大井煤田煤化工产业园附近和五彩湾露天矿区附近。较高浓度区分布在高浓度区周边。低浓度区分布在研究区西部区域。将军庙煤化工产业区和大井煤田煤化工产业园大量煤化工企业和电厂的煤粉燃烧和排放及区域内露天煤矿开采所产生的煤尘扩散，是造成植物重金属 Hg 空间分布形成的主要原因。

As 的高浓度区分布在将军庙煤化工产业区与大井煤田煤化工产业园之间的区域、五彩湾煤电化工带东北部和西南部之间的区域，低浓度区分散分布。煤粉的燃烧和露天煤矿开采产生的煤尘扩散，是造成植物重金属 As 空间分布形成的主要原因。

Cr 的高浓度区出现在五彩湾煤电化工带与火烧山高载能产业区之间的区域，较高浓度区分布在上述区域的周边，低浓度区分布在研究区东南部区域。高值区有大型金属冶炼企业，在生产过程中产生 Cr，经排放进入大气造成污染并出现颗粒的扩散，这是造成植物重金属 Cr 空间分布形成的主要原因。

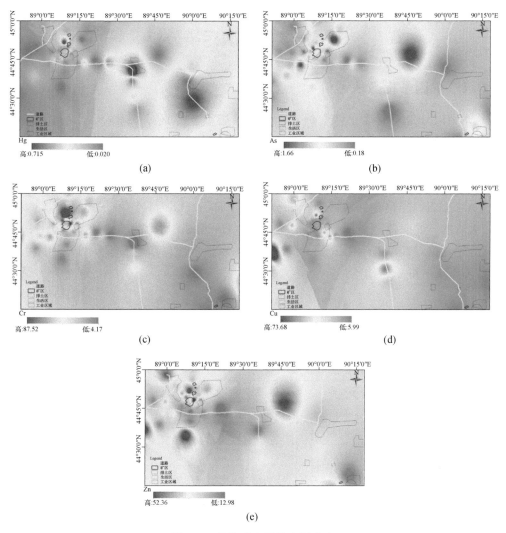

图 7.1　植物重金属的空间分布

(a) Hg；(b) As；(c) Cr；(d) Cu；(e) Zn

Cu 的高浓度区出现在研究区西部公路附近，较高值出现在火烧山高载能产业区西南部区域及其公路附近，低浓度区分布在研究区东南部区域。交通运输和金属冶炼产生的颗粒扩散，是造成植物重金属 Cu 空间分布形成的主要原因。

Zn 的高浓度区分布在五彩湾煤电化工带与火烧山高载能产业区的西南部区域、将军庙煤化工产业区与大井煤田煤化工产业园之间的西南部区域，较高浓度值分布在主要交通道路附近，低浓度区分布在研究区西部荒漠带、五彩湾煤电化工带北部和研究区东南部。金属产品加工过程中的镀锌和交通车辆轮胎磨损是造成植物重金属 Zn 空间分布的主要原因。

7.3 植物重金属污染分析

7.3.1 单因子指数法评价

本节以研究区 52 个采样点 0～30 cm 土壤层重金属 Hg、As、Cr、Cu 和 Zn 含量的平均值为标准，参照基准值分别为：0.062 mg/kg、31.920 mg/kg、81.360 mg/kg、18.880 mg/kg 和 47.470 mg/kg，其他 4 种评价方法也以上述基准值为参考。

计算 4 种植物中 4 种重金属的单因子指数并取均值，结果如表 7.15 所示。从表 7.15 来看，琵琶柴和梭梭地上部分和地下部分 Hg 为轻污染，As、Cr、Cu 和 Zn 为清洁。蛇麻黄地上部分 Hg、As、Cr、Cu 和 Zn 均为清洁；地下部分 Hg 和 Cu 为轻污染，As、Cr 和 Zn 均为清洁。假木贼地上部分和地下部分 Hg 为中污染，As、Cr、Cu 和 Zn 为清洁。

表 7.15 植物重金属单因子指数评价

植物名称	植物部位	项目	Hg	As	Cr	Cu	Zn
琵琶柴	地上部分	平均值	1.02	0.01	0.11	0.21	0.29
		污染程度	轻污染	清洁	清洁	清洁	清洁
	地下部分	平均值	1.12	0.02	0.12	0.24	0.23
		污染程度	轻污染	清洁	清洁	清洁	清洁
梭梭	地上部分	平均值	1.16	0.01	0.14	0.32	0.28
		污染程度	轻污染	清洁	清洁	清洁	清洁
	地下部分	平均值	1.00	0.01	0.13	0.35	0.25
		污染程度	轻污染	清洁	清洁	清洁	清洁
蛇麻黄	地上部分	平均值	0.92	0.005	0.12	0.32	0.25
		污染程度	清洁	清洁	清洁	清洁	清洁
	地下部分	平均值	1.08	0.004	0.16	1.43	0.42
		污染程度	轻污染	清洁	清洁	轻污染	清洁
假木贼	地上部分	平均值	2.08	0.01	0.17	0.26	0.25
		污染程度	中污染	清洁	清洁	清洁	清洁
	地下部分	平均值	2.16	0.01	0.24	0.34	0.31
		污染程度	中污染	清洁	清洁	清洁	清洁

7.3.2 综合污染指数法评价

根据熵值法计算出植物重金属的指标权重，见表 7.16。

表 7.16 植物重金属指标权重

植物名称	植物部位	项目	Hg	As	Cr	Cu	Zn
琵琶柴	地上部分	权重	0.524	0.115	0.169	0.049	0.143
	地下部分	权重	0.499	0.117	0.124	0.090	0.170
梭梭	地上部分	权重	0.396	0.178	0.191	0.084	0.152
	地下部分	权重	0.265	0.315	0.194	0.080	0.146
蛇麻黄	地上部分	权重	0.077	0.218	0.101	0.279	0.325
	地下部分	权重	0.156	0.163	0.241	0.295	0.146
假木贼	地上部分	权重	0.258	0.300	0.190	0.136	0.117
	地下部分	权重	0.290	0.180	0.260	0.084	0.186

通过公式计算出植物重金属的综合污染指数，结果如表 7.17 所示。从表 7.17 来看，琵琶柴、梭梭、蛇麻黄和假木贼地上部分和地下部分的 5 种重金属综合污染程度均为清洁。Hg 对植物重金属综合污染指数的贡献较大，As、Cr、Cu 和 Zn 对植物重金属综合污染指数的贡献小。

表 7.17 植物重金属综合污染指数评价

植物名称	植物部位	项目	Hg	As	Cr	Cu	Zn	P_{com}
琵琶柴	地上部分	平均值	0.540	0.002	0.020	0.010	0.040	0.610
		污染程度	清洁	清洁	清洁	清洁	清洁	清洁
	地下部分	平均值	0.560	0.002	0.020	0.020	0.040	0.640
		污染程度	清洁	清洁	清洁	清洁	清洁	清洁
梭梭	地上部分	平均值	0.460	0.001	0.030	0.030	0.040	0.560
		污染程度	清洁	清洁	清洁	清洁	清洁	清洁
	地下部分	平均值	0.260	0.003	0.020	0.030	0.040	0.360
		污染程度	清洁	清洁	清洁	清洁	清洁	清洁
蛇麻黄	地上部分	平均值	0.070	0.001	0.010	0.090	0.080	0.250
		污染程度	清洁	清洁	清洁	清洁	清洁	清洁
	地下部分	平均值	0.170	0.001	0.040	0.420	0.060	0.690
		污染程度	清洁	清洁	清洁	清洁	清洁	清洁
假木贼	地上部分	平均值	0.540	0.004	0.030	0.030	0.030	0.640
		污染程度	清洁	清洁	清洁	清洁	清洁	清洁
	地下部分	平均值	0.620	0.002	0.060	0.030	0.060	0.770
		污染程度	清洁	清洁	清洁	清洁	清洁	清洁
污染程度			清洁	清洁	清洁	清洁	清洁	清洁

7.3.3 内梅罗综合污染指数法评价

通过公式计算植物重金属的内梅罗综合污染指数，结果如表 7.18 所示。从表 7.18 来看，琵琶柴和假木贼地上部分和地下部分的 Hg 为重污染，梭梭地上部分和地下部分的 Hg 为重污染，蛇麻黄地上部分和地下部分的 Hg 为轻污染。琵琶柴地上部分的 Zn 为警戒，4 种植物地上部分和地下部分的 As、Cr、Cu 和 Zn 均为安全。

表 7.18 植物重金属内梅罗综合污染指数评价

植物名称	植物部位	项目	Hg	As	Cr	Cu	Zn
琵琶柴	地上部分	内梅罗综合污染指数 $P_综$	10.97	0.03	0.41	0.40	0.94
		污染程度	重污染	安全	安全	安全	警戒
	地下部分	内梅罗综合污染指数 $P_综$	7.43	0.04	0.29	0.40	0.56
		污染程度	重污染	安全	安全	安全	安全
梭梭	地上部分	内梅罗综合污染指数 $P_综$	2.96	0.01	0.19	0.38	0.39
		污染程度	中污染	安全	安全	安全	安全
	地下部分	内梅罗综合污染指数 $P_综$	2.63	0.02	0.18	0.44	0.35
		污染程度	中污染	安全	安全	安全	安全
蛇麻黄	地上部分	内梅罗综合污染指数 $P_综$	1.21	0.01	0.14	0.58	0.35
		污染程度	轻污染	安全	安全	安全	安全
	地下部分	内梅罗综合污染指数 $P_综$	1.86	0.01	0.22	2.49	0.60
		污染程度	轻污染	安全	安全	安全	安全
假木贼	地上部分	内梅罗综合污染指数 $P_综$	5.63	0.05	0.56	0.33	0.31
		污染程度	重污染	安全	安全	安全	安全
	地下部分	内梅罗综合污染指数 $P_综$	11.45	0.03	1.22	0.56	0.88
		污染程度	重污染	安全	安全	安全	安全

7.3.4 地累积指数法评价

计算 4 种植物、5 种重金属的地累积指数并取均值，结果如表 7.19 所示。从表 7.19 来看，4 种植物的 Hg、As、Cr、Cu 和 Zn 均为无污染。植物体内 5 种重金属污染程度的排序由大到小依次是：Hg＞Cu＞Zn＞Cr＞As。

表 7.19 植物重金属地累积指数评价

植物名称	植物部位	项目	Hg	As	Cr	Cu	Zn
琵琶柴	地上部分	地累积指数 I_{geo}	−2.64	−7.17	−4.07	−2.96	−2.72
		污染程度	无	无	无	无	无
	地下部分	地累积指数 I_{geo}	−2.06	−6.72	−4.10	−2.71	−3.01
		污染程度	无	无	无	无	无

植物名称	植物部位	项目	Hg	As	Cr	Cu	Zn
梭梭	地上部分	地累积指数 I_{geo}	−1.39	−8.04	−3.47	−2.30	−2.49
		污染程度	无	无	无	无	无
	地下部分	地累积指数 I_{geo}	−1.27	−7.85	−3.68	−2.19	−2.64
		污染程度	无	无	无	无	无
蛇麻黄	地上部分	地累积指数 I_{geo}	−0.84	−8.51	−3.75	−2.41	−2.67
		污染程度	无	无	无	无	无
	地下部分	地累积指数 I_{geo}	−0.63	−8.54	−3.38	−0.65	−1.94
		污染程度	无	无	无	无	无
假木贼	地上部分	地累积指数 I_{geo}	−0.22	−7.19	−3.49	−2.57	−2.63
		污染程度	无	无	无	无	无
	地下部分	地累积指数 I_{geo}	−0.31	−7.61	−3.41	−2.21	−2.44
		污染程度	无	无	无	无	无

7.3.5　潜在生态危害指数法评价

通过公式计算植物重金属的的单个潜在危害因子和重金属潜在生态危害指数，结果如表 7.20 所示。从表 7.20 来看，根据单个重金属潜在危害因子分类表：琵琶柴的地上部分和地下部分 Hg 为中等潜在危害，其他 4 种元素均为轻微潜在危害。梭梭地上部分 Hg 为中等潜在危害，其他 4 种元素为轻微潜在危害；其地下部分 5 种元素均为轻微潜在危害。蛇麻黄地上部分 5 种元素均为轻微潜在危害；其地下部分 Hg 为中等潜在危害，其他 4 种元素均为轻微潜在危害。假木贼地上部分和地下部分 Hg 为较高潜在危害，其他 4 种元素均为轻微潜在危害。4 种植物潜在生态危害指数均小于 150，为轻微潜在生态危险。

表 7.20　植物重金属综合潜在生态危害指数评价

植物名称	植物部位	项目	Hg	As	Cr	Cu	Zn	H_{RI}
琵琶柴	地上部分	平均值	40.89	0.14	0.23	1.07	0.29	42.62
		污染程度	中等	轻微	轻微	轻微	轻微	轻微
	地下部分	平均值	44.77	0.17	0.24	1.22	0.23	46.64
		污染程度	中等	轻微	轻微	轻微	轻微	轻微
梭梭	地上部分	平均值	46.57	0.07	0.29	1.60	0.28	48.80
		污染程度	中等	轻微	轻微	轻微	轻微	轻微
	地下部分	平均值	39.86	0.09	0.25	1.74	0.25	42.20
		污染程度	轻微	轻微	轻微	轻微	轻微	轻微

续表

植物名称	植物部位	项目	Hg	As	Cr	Cu	Zn	H_{RI}
蛇麻黄	地上部分	平均值	36.87	0.05	0.23	1.60	0.25	39.00
		污染程度	轻微	轻微	轻微	轻微	轻微	轻微
	地下部分	平均值	43.34	0.04	0.31	7.15	0.42	51.27
		污染程度	中等	轻微	轻微	轻微	轻微	轻微
假木贼	地上部分	平均值	83.38	0.12	0.34	1.29	0.25	85.38
		污染程度	较高	轻微	轻微	轻微	轻微	轻微
	地下部分	平均值	86.24	0.10	0.48	1.69	0.31	88.82
		污染程度	较高	轻微	轻微	轻微	轻微	轻微

7.4 本章小结

琵琶柴 Hg 的变异系数为强变异，其他元素的变异系数为中等变异；其地上部分 Hg 呈非正态分布，其他元素呈正态分布。梭梭地上部分和地下部分 Hg 的变异系数为强变异，地下部分的 As 同样为强变异，其他元素均为中等变异；其地上部分和地下部分 Hg、As、Cr、Cu 和 Zn 呈正态分布。蛇麻黄地上部分和地下部分 5 种元素的变异系数属中等变异；其地上部分和地下部分 Hg、As、Cr、Cu 和 Zn 呈正态分布。假木贼地上部分 5 种元素的变异系数为中等变异；地下部分 Cu、Zn 和 As 属中等变异，Hg 和 Cr 属强变异；其地上部分 As 呈非正态分布，其他元素呈正态分布；地下部分 Hg 和 Zn 呈非正态分布，其他元素呈正态分布。

琵琶柴地上部分 Hg、Cr 及 Cu、As、地下部分 As、Cr、Cu 及 Zn、Cu 重金属的来源和迁移、富集等过程可能有着一定的共同性。梭梭地上部分 Hg、Cr 及 Zn、Cu、As、地下部分 As、Cr、及 Zn、Cu 重金属的来源和迁移、富集等过程可能有着一定的共同性。蛇麻黄地上部分 Hg、Zn、地下部分 Zn、Cu、Cr 重金属的来源和迁移、富集等过程可能有着一定的共同性。假木贼地上部分 Hg、Cr、As、地下部分 Hg、Cr、As 及 Zn、Cr 重金属的来源和迁移、富集等过程可能有着一定的共同性。

通过因子分析发现：琵琶柴地上部分重金属的 PC1 因子是 Cr、As、Hg 和 Cu，PC2 因子是 Zn；地下部分重金属的 PC1 因子是 Cu、As、Cr 和 Zn，PC2 因子是 Hg。梭梭地上部分重金属的 PC1 因子是 Zn、As 和 Cu，PC2 的因子是 Hg 和 Cr；地下部分重金属的 PC1 因子是 Zn、Cr、Cu 和 As，PC2 因子是 Hg。蛇麻黄地上部分重金属的 PC1 因子是 Hg、Zn 和 As，PC2 因子是 Cr 和 Cu；地下部分重金属的 PC1 因子是 Zn 和 Cu，PC2 因子是 Hg 和 Cr。假木贼地上部分重金属的

PC1 因子是 As 和 Cu，PC2 因子是 Zn 和 Hg；地下部分重金属的 PC1 因子是 Cr、Hg、Zn 和 As，PC2 因子是 Cu。

植物重金属 Hg 的高浓度区出现在将军庙煤化工产业区附近、大井煤田煤化工产业园附近和五彩湾露天矿区附近，As 的高浓度区分布在将军庙煤化工产业区与大井煤田煤化工产业园之间的区域、五彩湾煤电化工带东北部和西南部之间的区域，Cr 的高浓度区出现在五彩湾煤电化工带与火烧山高载能产业区之间的区域，Cu 的高浓度区出现在研究区西部公路附近，Zn 的高浓度区分布在五彩湾煤电化工带与火烧山高载能产业区西南部区域、将军庙煤化工产业区和大井煤田煤化工产业园之间的西南部区域。

从单因子指数评价来看：琵琶柴和梭梭地上部分和地下部分 Hg 为轻污染，As、Cr、Cu 和 Zn 为清洁。蛇麻黄地上部分 Hg、As、Cr、Cu 和 Zn 均为清洁；地下部分 Hg 和 Cu 为轻污染，As、Cr 和 Zn 均为清洁。假木贼地上部分和地下部分 Hg 为中污染，As、Cr、Cu 和 Zn 为清洁。从综合污染指数评价来看：5 种植物综合污染程度均为清洁，Hg 对综合污染指数的贡献较大，而 As、Cr、Cu 和 Zn 对综合污染指数的贡献小。从内梅罗综合污染指数评价来看：琵琶柴、假木贼、梭梭和蛇麻黄的 Hg 污染指数高于其他 4 种元素，为轻污染、中污染和重污染；除琵琶柴地上部分 Zn 为警戒外，As、Cr、Cu 和 Zn 均为安全。从地累积指数评价来看：5 种植物的 Hg、As、Cr、Cu 和 Zn 均为无污染，污染程度的排序由大到小依次是：Hg＞Cu＞Zn＞Cr＞As。从生态危害指数评价来看：琵琶柴、梭梭、蛇麻黄和假木贼的 Hg 潜在危害高于其他 4 种元素，5 种植物潜在生态危害指数均小于 150，为轻微潜在生态危险。

第8章 降尘-土壤-植物重金属的迁移过程

8.1 降尘-土壤重金属的迁移过程分析

8.1.1 降尘重金属通量特征

为分析降尘中重金属在土壤和植物的迁移程度，需要计算出降尘重金属的通量，其计算公式如下：

$$Q=F \times W \tag{8-1}$$

式中：Q 为降尘重金属年通量（mg/(m² · a)）；F 大气降尘年通量（kg/m²）；W 为降尘重金属含量（mg/kg）。

根据公式计算出降尘中重金属元素的通量，见表8.1。从表8.1可以看出，Zn 通量均值最大，达到了 426.220 mg/(km² · a)，是 Cr 的 12.27 倍，是 Cu 的 75.25 倍，是 As 的 139.33 倍，是 Pb 的 286.80 倍，是 Hg 的 62945.07 倍。从变异系数来看，Pb 变异较小，空间变异弱；其他5种元素变异较大，空间变异较强。

表8.1 降尘重金属通量

元素	降尘元素通量 $Q/(mg/(m^2 \cdot a))$				变异系数
	最大值	最小值	均值	标准差	
Hg	0.043	0.001	0.007	0.006	0.920
Pb	2.960	0.550	1.490	0.560	0.380
As	20.650	1.290	3.060	2.770	0.910
Cr	149.530	3.330	34.740	29.220	0.840
Cu	28.140	0.620	5.660	4.970	0.880
Zn	1815.170	78.150	426.220	341.580	0.800

8.1.2 降尘重金属对土壤重金属的贡献

在去除其他因素，仅考虑降尘导致的土壤元素输入，可以用降尘对土壤元素输入模型来衡量降尘对土壤重金属的年贡献率，其计算公式如下：

$$R=\frac{C-C_o}{C_o} \times 100\% \tag{8-2}$$

式中：R 为降尘对土壤重金属的年贡献率（%）；C 为降尘输入 1 年后土壤重金属含量（mg/kg）；C_o 为土壤重金属原有含量（mg/kg）。

公式（8-2）中 C 的计算公式如下：

$$C = \frac{Q_t}{W_d + W_s} + C_o \times \frac{W_s}{W_d + W_s} \tag{8-3}$$

式中：Q_t 为降尘元素年输入总量（mg/(m² · a)）；W_d 为降尘年输入总量（mg/(m² · a)）；W_s 为 0～10 cm、10～20 cm 和 20～30 cm 土壤层土壤质量（mg/m³）。

为了评估若干年后，土壤重金属含量因降尘输入导致的变化，通过以下公式进行估算：

$$C_n = C_o \times (1 + R)^n \tag{8-4}$$

式中：C_n 为降尘输入 n 年后土壤重金属含量（mg/kg）；R 为降尘对土壤重金属的年贡献率（%）；n 为年限（年）。

通过公式（8-3）和公式（8-2）分别计算出降尘输入 1 年后 0～10 cm、10～20 cm 和 20～30 cm 土壤层土壤重金属含量增加值和降尘对土壤重金属的年贡献率，见表 8.2。

在 0～10 cm 土壤层中重金属元素是增加的。其中 Zn 和 Cr 增加明显，Zn 增加的均值达到了 2443.710 μg/kg，Cr 增加均值为 271.060 μg/kg；其次是 Cu、As 和 Pb，增加均值分别为 44.100 μg/kg、22.300 μg/kg 和 10.690 μg/kg；Hg 增加均值最小。从年贡献率来看，Zn、Cr、Cu、As 和 Pb 年贡献率的排序与其增加均值的排序规律相似，但 Hg 的贡献率高于 As 和 Pb，表明降尘输入对土壤 Hg 的贡献在 6 种元素中是较强的。

在 10～20 cm 土壤层中土壤重金属元素增加的特征与 0～10 cm 土壤层特征极一致。除 Hg 和 As 的增加均值没发生变化外，Zn、Cr、Cu 和 Pb 增加均值略有减少。从年贡献率来看，As 和 Zn 略有减少，Hg、Pb、Cr 和 Cu 略有增长。

20～30 cm 土壤层中土壤重金属元素的增加与 0～10 cm 和 10～20 cm 土壤层相比略有减少。从年贡献率来看，与 0～10 cm 土壤层相比，除 Pb 有所增加外，其他元素变化极小；与 10～20 cm 土壤层相比，Hg、Cr 和 Zn 略有增加，Pb、As 和 Cu 略有减小。

表 8.2　土壤重金属含量年增加值及年贡献率

土层/cm	类别	项目	Hg	Pb	As	Cr	Cu	Zn
0～10	增加值/(μg/kg)	最大值	0.283	23.660	168.910	1348.570	252.650	4857.110
		最小值	0.005	3.940	8.710	18.010	3.100	485.760
		均值	0.048	10.690	22.030	271.060	44.100	2443.710
	年贡献率/%	最大值	1.016	0.338	1.971	3.160	1.230	8.620
		最小值	0.001	0.027	0.000	0.010	0.030	1.430
		均值	0.192	0.092	0.121	0.430	0.240	4.930

土层/cm	类别	项目	Hg	Pb	As	Cr	Cu	Zn
10~20	增加值/(μg/kg)	最大值	0.281	25.450	178.810	1341.760	252.680	5142.480
		最小值	0.008	3.420	8.820	18.720	3.260	485.450
		均值	0.048	10.680	22.030	269.140	43.800	2441.090
	年贡献率/%	最大值	0.991	0.460	0.870	3.530	1.300	9.030
		最小值	0.003	0.020	0.020	0.010	0.030	1.440
		均值	0.203	0.110	0.090	0.460	0.250	4.980
20~30	增加值/(μg/kg)	最大值	0.280	23.580	165.470	1350.170	243.510	4756.320
		最小值	0.003	3.510	7.310	19.530	3.380	487.570
		均值	0.047	10.600	21.620	267.470	43.460	2427.350
	年贡献率/%	最大值	1.150	1.530	0.460	2.630	1.010	10.890
		最小值	0.000	0.020	0.020	0.010	0.040	1.330
		均值	0.189	0.150	0.110	0.440	0.240	5.300

通过公式（8-4）计算出降尘输入 5 a、10 a、20 a 和 50 a 后 0~10 cm、10~20 cm 和 20~30 cm 土壤层土壤重金属含量及增加量，见表8.3。从表8.3来看，随着年份的增加，3 个土壤层 6 种重金属含量均呈增长趋势。其中 Zn 含量增加最多，在 50 a 后达到 788.5100~1060.9200 mg/kg，增加了 738.2900~1013.4700 mg/kg。Cr 含量的增加量次之，为 16.7200~17.2700 mg/kg，会成为区域重金属污染的主要元素之一。Hg 含量虽然增加值小，但增长幅度却较高，且 Hg 的毒害性高，因此也是区域重金属污染的主要元素之一。综上可以认为，随着准东经济开发区的煤炭开采活动和工业活动的发展，在不采取区域重金属治理的状况下，该地区将面临严重的重金属污染问题，生态环境将严重恶化。

表8.3 土壤重金属含量预测值及增加值

土层/cm	类别	年限（a）	Hg	Pb	As	Cr	Cu	Zn
0~10	含量/(mg/kg)	5	0.0664	13.4000	32.8500	85.4300	19.6900	63.8900
		10	0.0667	13.4600	32.9600	86.8700	19.9200	81.9700
		20	0.0672	13.5700	33.1900	89.9400	20.3900	138.2100
		50	0.0688	13.9000	33.9000	101.3300	21.9200	788.5100
	增加值/(mg/kg)	5	0.0002	0.0500	0.1100	1.3800	0.2200	13.6800
		10	0.0005	0.1100	0.2200	2.8100	0.4500	31.7600
		20	0.0010	0.2200	0.4500	5.8900	0.9200	88.0000
		50	0.0026	0.5500	1.1600	17.2700	2.4500	738.2900

土层/cm	类别	年限（年）	Hg	Pb	As	Cr	Cu	Zn
10~20	含量/(mg/kg)	5	0.0579	12.0600	30.8900	80.8500	18.7300	62.7100
		10	0.0582	12.1100	31.0000	82.2800	18.9500	80.9300
		20	0.0587	12.2200	31.2200	85.3800	19.4200	138.2800
		50	0.0602	12.5600	31.9200	97.1800	20.9600	840.5100
	增加值/(mg/kg)	5	0.0002	0.0500	0.1100	1.3700	0.2200	13.7000
		10	0.0005	0.1100	0.2200	2.8100	0.4500	31.9100
		20	0.0010	0.2200	0.4500	5.9000	0.9100	89.2700
		50	0.0026	0.5500	1.1500	17.7000	2.4500	791.5000
20~30	含量/(mg/kg)	5	0.0649	11.4600	32.3600	81.9000	18.8700	61.1900
		10	0.0652	11.5200	32.4700	83.3100	19.0900	79.8900
		20	0.0657	11.6300	32.6900	86.3300	19.5500	141.5000
		50	0.0672	11.9700	33.3700	97.2500	21.0700	1060.9200
	增加值/(mg/kg)	5	0.0002	0.0500	0.1100	1.3600	0.2200	13.7400
		10	0.0005	0.1100	0.2200	2.7700	0.4400	32.4400
		20	0.0010	0.2200	0.4400	5.7900	0.9000	94.0600
		50	0.0025	0.5600	1.1200	16.7200	2.4200	1013.4700

8.2　土壤-植物重金属的迁移过程分析

8.2.1　植物内部重金属的迁移过程

为了表征植物内部的重金属运转能力，本节采用植物重金属运转系数和植物根系滞留系数来表征研究区典型植物琵琶柴、梭梭、蛇麻黄和假木贼对重金属的内部运转能力。

通过计算得出 4 种植物的重金属运转系数和根系滞留系数，见表 8.4～表 8.5。当运转系数大于 1 时，表示植物体内重金属从地下部分向地上部分转移的能力较强；当运转系数小于 1 时，则表示植物体内重金属从地下部分向地上部分转移的能力不强。

琵琶柴中 Zn、Hg、Cr 和 As 的运转系数均高于 1，表明琵琶柴对这 4 种重金属元素的运移能力较强；其对 Cu 的运转系数虽小于 1，但也达到了 0.97，也可以认为对 Cu 有一定的运移能力；琵琶柴对 5 种重金属的运移能力由大到小排序依次为：Zn＞Hg＞Cr＞As＞Cu。梭梭对 5 种重金属元素的运转系数均高于 1，表明其对 5 种重金属元素均有较强的运移能力，由大到小排序依次为：Hg＞Cr＞As＞Zn＞Cu。蛇麻黄对 Hg 和 As 的运转系数均高于 1，表明蛇麻黄对这 2 种重金属元素有着较强的运移能力；其对 Cr、Cu 和 Zn 的运转系数小于 1，表明其对这 3 种重金属元素运移能力较弱；蛇麻黄对 5 种重金属元素的运移能力由大到小排序依次为：As＞Hg＞Cr＞Zn＞Cu。假木贼对 Hg、As 和 Cr 的运转系数均高于 1，其中，Hg 达到 3.50，As 达到了 2.21，表明假木贼对 Hg 和 As 有很强的运移能力，对 Cr 有较强的运移能力；其对 Cu 和 Zn 的运转系数虽小于 1，但也达到 0.81 和 0.94，表明假木贼对这 2 种重金属元素也有一定运移能力；假木贼对 5 种重金属元素的运移能力由大到小排序依次为：Hg＞As＞Cr＞Zn＞Cu。

表 8.4　植物重金属运转系数

植物	项目	Hg	As	Cr	Cu	Zn
琵琶柴	最大值	7.11	4.03	5.95	2.23	9.48
	最小值	0.10	0.15	0.13	0.23	0.17
	平均值	1.47	1.07	1.43	0.97	1.74
梭梭	最大值	6.46	3.84	2.38	2.87	1.45
	最小值	0.10	0.35	0.45	0.45	0.91
	平均值	1.47	1.16	1.28	1.04	1.12
蛇麻黄	最大值	4.12	4.10	1.70	1.34	1.28
	最小值	0.16	0.61	0.23	0.08	0.28
	平均值	1.09	1.16	0.87	0.41	0.66
假木贼	最大值	38.85	14.65	4.84	1.39	1.54
	最小值	0.20	0.31	0.07	0.33	0.22
	平均值	3.50	2.21	1.35	0.81	0.94

当植物根系滞留系数大于 0 时，表示植物体内重金属从地下部分向地上部分转移的量少，重金属滞留在根部的量多；当根系滞留系数小于 0 时，则表示植物体内重金属从地下部分向地上部分转移的量多，重金属滞留在根部的量少。植物根系的滞留能力越高，可以有效阻止重金属元素对植物光合作用和新陈代谢活性影响的能力越强[161]。

琵琶柴对 Zn、Hg、Cr 和 As 的根系滞留系数均小于 0，表明琵琶柴根部对这 4 种重金属元素的滞留能力弱，不能有效避免 4 种重金属的毒害作用；其对 Cu 的根系滞留系数大于 0，但也只有 0.03，表明琵琶柴根部对 Cu 有一定的滞留能力，可以在一定程度上阻止 Cu 的毒害作用。梭梭对 Zn、Hg、Cr、As 和 Cu 的根系滞留系数均小于 0，表明梭梭根部对这 5 种重金属元素的滞留能力弱，不能有效避免重金属毒害。蛇麻黄对 Hg 和 As 的根系滞留系数均小于 0，表明其对 Hg 和 As 的滞留能力弱，不能有效避免毒害；其对 Cr、Cu 和 Zn 的根系滞留系数大于 0，其中 Cu 和 Zn 滞留系数分别达到了 0.59 和 0.34，表明蛇麻黄根部对 Cr、Cu 和 Zn 滞留能力较强，可以有效避免 3 种重金属对蛇麻黄的毒害。假木贼对 Hg、As 和 Cr 的根系滞留系数均小于 0，其中，Hg 和 As 的滞留系数分别达到了 −2.50 和 −1.21，表明假木贼根部对 Hg 和 As 的滞留能力很弱，不能有效避免 2 种重金属的其毒害作用；假木贼对 Cu 和 Zn 的根系滞留系数大于 0，表明其对 Cu 和 Zn 有一定滞留能力，可以在一定程度避免 2 种重金属的毒害。总体上，4 种植物对 Hg、As 和 Cr 的根系滞留能力弱，不能有效阻止其对 4 种植物光合作用和新陈代谢活性的影响；4 种植物对 Cu 和 Zn 有一定的根系滞留能力，可以在一定程度上阻止 Cu 和 Zn 对光合作用和新陈代谢活性的影响。

表 8.5　植物根系滞留系数

植物名称	项目	Hg	As	Cr	Cu	Zn
琵琶柴	最大值	0.90	0.85	0.87	0.77	0.83
	最小值	−6.11	−3.03	−4.95	−1.23	−8.48
	平均值	−0.47	−0.07	−0.43	0.03	−0.74
梭梭	最大值	0.90	0.65	0.55	0.55	0.09
	最小值	−5.46	−2.84	−1.38	−1.87	−0.45
	平均值	−0.47	−0.16	−0.28	−0.04	−0.12
蛇麻黄	最大值	0.84	0.39	0.77	0.92	0.72
	最小值	−3.12	−3.10	−0.70	−0.34	−0.28
	平均值	−0.09	−0.16	0.13	0.59	0.34
假木贼	最大值	0.80	0.69	0.93	0.67	0.78
	最小值	−37.85	−13.65	−3.84	−0.39	−0.54
	平均值	−2.50	−1.21	−0.35	0.19	0.06

8.2.2　土壤-植物重金属的迁移过程

为分析重金属在土壤与植物间的迁移能力，本节采用植物重金属富集系数来表征植物对土壤重金属的吸附能力。富集系数是指植物某部位重金属含量与土壤重金属含量的比值，反映了植物对某种重金属的积累能力。富集系数越大，植物重金属积累能力越强[162]。通过计算得出 4 种植物的富集系数，见表 8.6。当富集系数大于 1 时，表示植物体内重金属含量大于土壤重金属含量，该植物可用于土壤重金属的修复；当富集系数小于 1 时，则表示植物体内重金属含量小于土壤重金属含量，该植物不适用于土壤重金属的修复。

琵琶柴地上部分对 Hg 的富集系数达到了 2.22，地下部分对 Hg 的富集系数达到了 1.47，表明其对 Hg 有较强的富集能力；琵琶柴地上部分和地下部分对 As、Cr、Cu 和 Zn 的富集系数均小于 1，尤其是对 As 富集系数只有 0.02，表明琵琶柴对 4 种重金属的富集能力弱。梭梭地上部分对 Hg 的富集系数达到了 2.58，地下部分对 Hg 的富集系数达到了 2.18，表明其对 Hg 有较强的富集能力；梭梭地上部分和地下部分对 As、Cr、Cu 和 Zn 的富集系数均小于 1，尤其是对 As 富集系数只有 0.01，表明梭梭对 4 种重金属的富集能力弱。蛇麻黄地上部分对 Hg 的富集系数达到了 2.64，地下部分对 Hg 的富集系数达到了 3.02，且地下部分对 Cu 的富集系数达到了 1.68，表明其地下部分对 Hg 和 Cu 有较强的富集能力；蛇麻黄地上部分和地下部分对 As、Cr 和 Zn 的富集系数均小于 1，尤其是对 As 富集系数只有 0.01，表明蛇麻黄对 3 种重金属的富集能力弱。假木贼上部分对 Hg 的富集系数达到了 5.30，地下部分对 Hg 的富集系数达到了 4.97，表明其对 Hg 有很强的富集能力；假木贼地上部分和地下部分对 As、Cr、Cu 和 Zn 的富集系数均小于 1，尤其是对 As 富集系数只有 0.02，表明假木贼对 4 种重金属的富集能力弱。4 种植物对 Hg 的富集能力由大到小排序依次是：假木贼＞蛇麻黄＞梭梭＞琵琶柴；5 种重金属元素在 4 种植物体内的富集情况由大到小排序依次是：Hg＞Cu＞Zn＞Cr＞As。

表 8.6　植物重金属富集系数

植物名称	植物部位	项目	Hg	As	Cr	Cu	Zn
琵琶柴	地上部分	平均值	2.22	0.02	0.14	0.26	0.31
	地下部分	平均值	1.47	0.02	0.16	0.31	0.25
梭梭	地上部分	平均值	2.58	0.01	0.19	0.31	0.27
	地下部分	平均值	2.18	0.01	0.16	0.35	0.25
蛇麻黄	地上部分	平均值	2.64	0.01	0.18	0.40	0.28
	地下部分	平均值	3.02	0.01	0.22	1.68	0.46
假木贼	地上部分	平均值	5.30	0.02	0.19	0.25	0.24
	地下部分	平均值	4.97	0.01	0.31	0.31	0.29

8.3　本章小结

降尘会导致土壤重金属的输入，3 个土壤层中重金属含量都是增加的。其中 Zn 和 Cr 增加明显，其次是 Cu、As 和 Pb，Hg 增加均值最小。从年贡献率来看，Zn、Cr 和 Cu 年贡献率的排序与其增加均值的排序规律相似，但 Hg 的年贡献率高于 As 和 Pb。

随着年份的增加，3 个土壤层中 6 种重金属含量均呈增长趋势。其中 Zn 含量增长最多，在 50 a 后增加了 738.29～1013.47 mg/kg；Cr 含量增长了 16.72～

17.70 mg/kg；Hg 含量虽然增长值小，但其增长幅度却较高，且 Hg 的毒害性高，会造成区域重金属污染严重，危害区域生态安全。

琵琶柴对 Zn、Hg、Cr、As 和 Cu 有较强的运移能力，由大到小排序依次为：Zn＞Hg＞Cr＞As＞Cu。梭梭对 Zn、Hg、Cr、As 和 Cu 有着较强的运移能力，由大到小排序依次为：Hg＞Cr＞As＞Zn＞Cu。蛇麻黄对 Hg 和 As 有着较强的运移能力，对 Cr、Cu 和 Zn 的运移能力较弱，由大到小排序依次为：As＞Hg＞Cr＞Zn＞Cu。假木贼对 Hg 和 As 有着很强的运移能力，对 Cr 有着较强的运移能力，对 Cu 和 Zn 也有一定运移能力，由大到小排序依次为：Hg＞As＞Cr＞Zn＞Cu。

琵琶柴对 Zn、Hg、Cr 和 As 的滞留能力弱，对 Cu 有一定的滞留能力。梭梭对 Zn、Hg、Cr、As 和 Cu 的滞留能力弱。蛇麻黄对 Hg 和 As 的滞留能力弱，对 Cr、Cu 和 Zn 的滞留能力较强。假木贼对 Hg 和 As 的滞留能力很弱，对 Cu 和 Zn 的有一定滞留能力。总体上，4 种植物对 Hg、As 和 Cr 的根系滞留能力弱，对 Cu 和 Zn 有一定的根系滞留能力。

琵琶柴对 Hg 有较强的富集能力，对 As、Cr、Cu 和 Zn 富集能力弱。梭梭对 Hg 有较强的富集能力，对 As、Cr、Cu 和 Zn 富集能力弱。蛇麻黄对 Hg 和 Cu 有较强的富集能力，对 As、Cr 和 Zn 富集能力弱。假木贼对 Hg 有很强的富集能力，对 As、Cr、Cu 和 Zn 富集能力弱。

第9章　降尘-土壤-植物重金属的生态效应

通过以上对准东地区降尘、土壤和植物中重金属的统计特征、来源、污染和迁移情况研究，可以发现准东地区由于露天煤矿开采、工业活动和交通活动的不断进行，区域内重金属污染状况日益严重。重金属的积累将会对区域生态系统造成损害，引起生态环境恶化。因此，分析重金属对区域生态效应的影响，有利于正确认识重金属的污染问题。重金属对区域生态效应的影响主要表现在土壤、植物和微生物等方面。考虑到大范围进行土壤理化性质分析试验、测定植物和微生物生理指标会面临很大困难，且通过遥感手段获取植物生物量同样可以反映区域生态环境状况，因此本研究尝试通过提取研究区生长季节 5—9 月植物生物量遥感影像来表征区域生态状况，并分析降尘-土壤-植物中的重金属对植物生物量的影像，来反映重金属对区域生态效应的影响。

9.1　植物生物量的估算与分析

9.1.1　数据的来源与计算

数据来源于美国航空航天局 LandSat-8 卫星提供的影像，分别下载 5—9 月的影像数据，并进行预处理，通过归一化植被指数公式计算出研究区的 $NDVI$，公式如下：

$$NDVI = \frac{NIR - RED}{NIR + RED} \tag{9-1}$$

式中：$NDVI$ 为归一化植被指数；NIR 为近红外光波段反射率；RED 为红光波段反射率。

刘卫国等[163]在阜康地区进行的植物生物量遥感估算研究，发现利用 $NDVI$ 可以较精确估算出植物生物量，并建立最优估算模型：

$$Y = -5593.3 \times NDVI^3 + 7509.7 \times NDVI^2 - 1268.9NDVI + 191 \tag{9-2}$$

式中：$NDVI$ 为归一化植被指数，该模型相关系数达到了 0.87，模型反演精度较高。

本研究区邻近阜康，植物生长环境较一致。因此，本研究区的植物生物量遥感估算，可以采用公式（9-2）进行。

9.1.2　植物生物量的估算与分析

通过公式（9-1）和公式（9-2）估算研究区 5～9 月每月的植物生物量，统计 5—9 月植物生物量的最高值，见图 9.1。从图 9.1 可以看出，遥感估算的植物生物量在 5—8 月整体呈增长的趋势，9 月植物生物量开始下降。植物生物量从 5 月开始增长，增长一直持续到 8 月底；其中，7 月和 8 月正处于植物生长旺季，生物量也达到了高值；随后植物生长开始减缓，作物也被收割，因此生物量开始下降；与刘卫国等[163]研究结果一致。

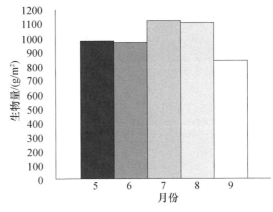

图 9.1　不同月份植物的生物量

从图 9.2 来看，空间上，植物生物量的高值出现在研究区西南部区域的农田，在研究区北部卡拉麦里保护区植物生物量同样较高，荒漠区和戈壁植物生物量低。

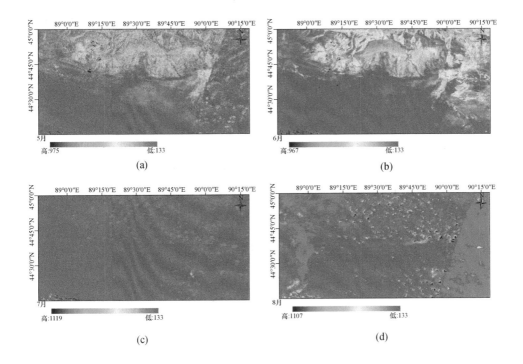

(a)

(b)

(c)

(d)

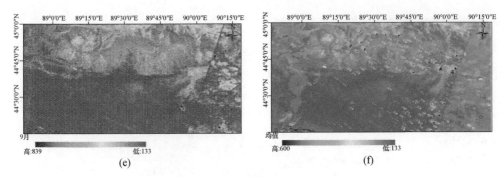

图 9.2　不同月份植物生物量的空间分布

(a) 5 月；(b) 6 月；(c) 7 月；(d) 8 月；(e) 9 月；(f) 均值

9.2　重金属对植物生物量的影响

降尘-土壤-植物系统中的重金属会对植物的生长产生胁迫作用，从而造成植物生物量的减少。降尘重金属、土壤重金属和植物重金属：对植物生长影响的差异有多大、不同生理毒性的重金属对植物生物量的影响程度有何不同、如何找出上述关系之间的规律是需要解决的问题，且简单线性分析不能有效得出结论。

数学生态学中的典范对应分析（CCA）方法，可利用综合变量，反映两组指标间的相关关系，且能直观地反映多变量间的关系，这克服了常规方法无法可视化综合分析变量因素的不足[164]。CCA 可将研究对象排序和环境因子排序表示在同一个图上，以便直观看出它们间的关系；环境因子通常用箭头表示，研究对象则用角符号表示。2 个箭头的夹角大小代表着 2 个环境因子的相关性，夹角越小，相关性越高；研究对象到环境因子的垂直距离代表着某环境因子与研究对象分布相关程度的大小，距离越小，代表这个环境因子对研究对象分布影响越大[165]。

以 5—9 月研究区 51 个采样点遥感提取的植物生物量的均值作为研究对象，对应样本的降尘重金属、土壤重金属和植物重金属的单因子潜在生态危害为环境因子，典型对应分析应用国际通用标准软件 Canoca 4.5 进行。

9.2.1　降尘重金属与植物生物量的关联分析

从图 9.3 可以看出，降尘重金属单因子潜在生态危害与 Cu、Zn 和 Cr 有着较高的正相关性，与 As 和 Pb 也有一定的正相关性。研究对象的植物生物量与 Cu、Cr 和 Zn 潜在生态危害因子距离较近，说明植物生物量的空间变异情况与 3 种重金属潜在生态危害因子变化情况相似，植物生物量的空间分布受控于 3 种重金属的潜在生态危害，其对植物生物量的影响的程度由大到小排序依次为：Cu＞Cr＞Zn；

植物生物量与 Hg、Pb 和 As 潜在生态危害因子距离远，说明植物生物量受控于 Hg、Pb 和 As 潜在生态危害因子程度小。

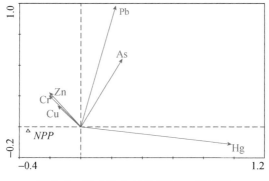

图 9.3　降尘重金属的 CCA 二维排序

9.2.2　土壤重金属与植物生物量的关联分析

从图 9.4 可以看出，土壤重金属单因子潜在生态危害与 Cu 和 Zn 有着较高的相关性，与 Hg 和 Cr 也有一定的相关性。研究对象的植物生物量与 Pb 潜在生态危害因子距离较近，说明植物生物量的空间变异情况与 Pb 潜在生态危害因子变化情况相似，植物生物量的空间分布受控于 Pb 的潜在生态危害；植物生物量与 Hg、Cr、As、Cu 和 Zn 潜在生态危害因子距离远，说明植物生物量受控于 Hg、Cr、As、Cu 和 Zn 潜在生态危害因子程度小。

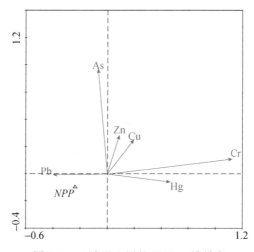

图 9.4　土壤重金属的 CCA 二维排序

9.2.3 植物重金属与植物生物量的影响

从图 9.5 可以看出，植物重金属单因子潜在生态危害 Hg 和 Cr 有较高的相关性，与 As 有高的相关性，与 Cu 和 Zn 有一定的相关性。研究对象的植物生物量与 Cu、Hg、Cr、Zn 和 As 潜在生态危害因子距离远，说明植物生物量受控于 Cu、Hg、Cr、Zn 和 As 潜在生态危害因子程度小。

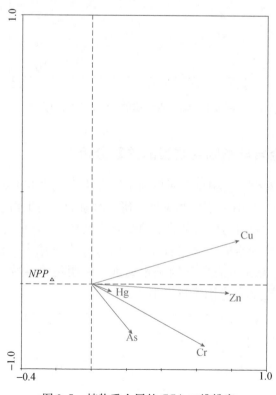

图 9.5　植物重金属的 CCA 二维排序

9.3　本章小结

遥感估算的植物生物量在 5—8 月整体呈增长的趋势，9 月植物生长量开始下降。从空间上来看，植物生物量的高值出现在研究区西南部区域的农田，研究区北部卡拉麦里保护区植物生物量同样较高，荒漠区和戈壁植物生物量低。

研究区植物生物量的空间分布受降尘中 Cu、Cr 和 Zn 的潜在生态危害影响较大，3 种重金属元素的潜在生态危害对植物生物量的影响程度由大到小排序依次为：Cu＞Cr＞Zn；植物生物量受控于降尘中 Hg、Pb 和 As 潜在生态危害因子程度小。研究区植物生物量的空间分布受土壤中 Pb 的潜在生态危害较大，其他 5 种重金属元素的潜在生态危害对植物生物量影响小。研究区植物生物量的空间分布受植物体内 Cu、Hg、Cr、Zn 和 As 的潜在生态危害因子影响小。

研究区降尘、土壤和植物重金属，对植物生物量空间分布的影响，总体排序是：降尘＞土壤＞植物。

第10章　准东地区土壤有机质含量高光谱估算研究

　　土壤有机质是植物必需营养元素的主要来源，是衡量土壤肥力的重要指标，也是分析土壤退化状态的重要指标[166]。传统的土壤有机质含量测定主要是通过土壤野外取样并化验分析来实现的。这种方法精度高，但时效差，成本较高，不能有效监测荒漠土壤的退化状况。通过荒漠土壤有机质高光谱遥感分析，了解土壤有机质的时空动态变化，可以快速、有效地监测荒漠土壤退化情况，为区域土壤退化的治理提供依据。

　　国际上，土壤有机质与土壤光谱关系的研究开始于20世纪60年代。Bowers等[167]发现，去除土壤有机质后其光谱的反射率会提高8.2%。Albbas等[168]发现，土壤光谱反射率与有机质含量呈显著负相关。Krishnan等[169]发现，土壤光谱在近红外光区域与有机质含量的相关性弱，在可见光区域与有机质含量有较强的相关性，用可见光区域估算土壤有机质含量准确性要优于近红外光区域。Gunsaulis等[170]研究表明，土壤有机质含量与红光波段的反射率可决定系数$\overline{R^2}$达到了0.61，具有较强的相关性。Galvao等[171]也通过室内研究证实，土壤反射率在0.55~0.70 μm处有吸收峰主要是由有机质引起的，并用AVIRIS高光谱影像分析了有机质与光谱反射率的光谱，两者的结果一致。我国土壤有机质与土壤光谱关系的研究开始于20世纪80年代。大量研究表明，土壤有机质的敏感波段主要集中在可见光-近红外光波段[172-177]，并基于原始光谱和光谱数学变换等建立了不同类型土壤有机质含量的估算模型[178-183]。在土壤有机质敏感波段和定量估算模型的研究基础上，利用遥感影像估算区域地表土壤有机质的研究也有了一定进展[184-185]。

　　在干旱、半干旱荒漠地区，土壤有机质含量总体水平较低。以本研究区为例，土壤有机质含量最大值为1.61%，最小值为0.11%，平均值为0.45%。当土壤有机质含量小于2%时，由于有机质对光谱反射率的吸收大幅减弱[175]，准确判断土壤有机质的响应波段会面临较大问题。而准确找出其光谱的响应波段，是准确、有效地估算土壤有机质含量的关键。荒漠土壤的有机质含量多低于2%[181]，利用土壤高光谱估算有机质含量存在着较大困难，这使得目前针对荒漠土壤有机质高光谱估算的研究很少。目前，仅见徐彬彬等[186]和彭杰等[180]对新疆南部土壤有机质高光谱估算有所研究，高志海等[181]对两个荒漠化典型地区民勤县、共和县土壤有机质高光谱估算有所研究。部分模型反演的准确度比较高，但其样本中包含土壤有机质含量大于 2% 的样本，是否因为这些样本的存在提高了模型估算的精度？如果研究样本的有机质都小于 2%，是否会降低模型估算的精度？对有机质含量小于 2% 的荒漠土壤进行有效、准确地有机质含量高光谱估算是一个值得探讨的问题。土壤有机质含量高光谱模型估算精度，会受到波段选择和建模方法的影响。在对于荒漠土壤有机质含量高光谱估算中，徐彬彬、彭杰和高志海建立的模型选择是单波段或单指数的，建模的方法是单变量线性或非线性分析。但是荒漠土壤有机质的组成和分解状态以及较高的盐分含量可能削弱有机质光谱吸收特征，估算其土壤有机质含量只用单波段是不够的，需要进行多波段的组合。采用多元线性逐步回归方法和偏最小二乘法是多变量分析方法中预测效果最好且最稳定的[187]。本研究在准噶尔盆地东部荒漠过渡带，通过对荒漠土壤进行采样化验分析和光谱测量处理，分析土壤光谱与有机质含量的相关性，确定敏感光谱波段；通过比较一元线性回归、多元线性逐步回归的方法和偏最小二乘法，建立荒漠土壤有机质含量高光谱估算模型，确定适合荒漠土壤的最优模型，为荒漠土壤有机质定量遥感估算提供有效支撑。

10.1　材料与方法

10.1.1　土壤样本的采集

土壤样本的采集在准噶尔盆地东部荒漠过渡带。本次研究采集土壤样本 39 个，取 0~20 cm 土壤层土壤混合样，每个土样重 1 kg 左右。在实验室自然风干、磨细，过 20 目筛。每个样本分为 2 份，一份用于光谱测试，另一份用于化学分析。土壤有机质含量测定采用重铬酸钾氧化-外加热法测定[188]。由于该地区有大型露天煤矿的开采，使得煤粉沉积在部分区域，增加了土壤样本碳含量，导致 7 个样本有机质含量测定出现了偏差，实测有机质含量在 26.24~96.80 g/kg，因此剔除了这 7 个异常值。剩余的 32 个样本有机质含量最大值是 16.09 g/kg，最小值是 1.05 g/kg，平均值是 4.48 g/kg，标准差是 4.0 g/kg，变异系数为 0.90。这 32 个样本土壤有机质含量全部小于 2%，可以满足对有机质含量小于 2% 的荒漠土壤样本需求。样本随机划分为 2 组，其中 24 个用于建立模型，剩余的 8 个用于模型的验证，为干旱区荒漠过渡带的荒漠土壤有机质含量高光谱估算进行了探索性尝试。

10.1.2　光谱测定

土壤光谱反射率的测定采用美国 ASD（Analytical Spectral Device）公司生产的便携式地物波谱仪 FieldSpec 3，波段在 350~2500 nm。其中 350~1000 nm 波段光谱的采样间隔为 1.4 nm，光谱分辨率为 3 nm；1000~2500 nm 光谱的采样间隔为 2 nm，光谱分辨率为 10 nm；光谱仪最后将数据重新采样为 1 nm[189]。光谱测量在可控制光照的暗室内进行，将土壤样本放置于直径 12 cm、深 1.8 cm 的黑色盛样皿内，用直尺将表面刮平。光谱仪探头置于距土壤样本表面 15 cm 的垂直上方，探头视场角为 8°[190]。每次测试前进行白板标定，每个土壤样本测试 10 次，取平均值作为该样本代表性光谱曲线。

10.1.3 光谱数据预处理

光谱测量过程中会产生误差，且原始光谱曲线中存在许多噪声，因此，在数据分析之前需要通过 Savitzky-Golay 平滑法对土壤光谱数据进行平滑处理。同时，原始光谱曲线相邻波段之间也存在信息重合，导致信息冗余。在维持光谱基本特征的状况下，应去除冗余信息。光谱间隔的重采样是一种有效去除信息冗余的方法，但采样间隔太大会使光谱反射峰或吸收峰遭到平滑处理[191]。有研究表明，10 nm 的采样间隔可以较好地兼顾光谱基本特征的维持和冗余信息的去除[192-193]。因此，对原有光谱数据以 10 nm 为间隔进行算术平均计算，以获得的 215 个新的反射率波段作为土壤的实际反射波段，用于土壤有机质含量高光谱模型的建立。

除光谱的平滑处理和间隔重采样外，许多研究表明，通过对光谱数据的数学变换，可以减弱甚至消除各种噪音的影响，提高光谱灵敏度，从而提升校正模型的预测能力和稳定性。因此，需对 215 个波段进行倒数对数、一阶微分、二阶微分和倒数对数一阶微分、二阶微分的变换。

10.1.4 模型检验

采用统计量 F 值、修正自由度的可决定系数（$\overline{R^2}$）和均方根误差（RMSE）来评价估算模型的有效性，$\overline{R^2}$ 和 RMSE 计算公式如以下所示：

$$R^2 = 1 - \frac{\sum_{i=1}^{N}(Y_i - \hat{Y_i})^2}{\sum_{i=1}^{N}(Y_i - \overline{Y})^2} \tag{10-1}$$

$$\overline{R^2} = 1 - \frac{(n-1)}{(n-k)}(1-R^2) \tag{10-2}$$

$$RMSE = \sqrt{\frac{1}{n-k-1}\sum_{i=1}^{n}(Y_i - \hat{Y_i})^2} \tag{10-3}$$

式中：n 是样本容量（个）；k 在式（10-2）中是模型中回归系数个数（个），在式（10-3）中是入选估算模型的波段数目（个）；Y_i 为土壤样本的有机质含量的实测值（g/kg）；$\hat{Y_i}$ 是土壤样本有机质含量的估算值（g/kg）；$\overline{Y}$ 为土壤样本的有机质含量的实测值的平均值（g/kg）。

　　统计量 F 值是对估算方程的显著性检验的综合度量：当统计量 F 值大于理论临界值 F_a 时，估算方程显著；反之，估算方程不显著。可决定系数 $\overline{R^2}$ 是对估算模型拟合程度的综合度量：可决定系数 $\overline{R^2}$ 越大，估算模型拟合程度越高；反之，模型拟合程度越低。$RMSE$ 用于评价估算方程的精度：$RMSE$ 越小，估算方程精度越高；反之，估算方程精度越低。

　　综合考虑，当统计量 F 值大于 F_a，且统计量 F 值越大，$\overline{R^2}$ 越高，$RMSE$ 越小，表明模型估算的准确性越高，反之则模型估算的准确性越差。

10.2　结果与分析

10.2.1　土壤有机质含量与光谱相关性分析

　　将土壤有机质含量与光谱反射率（R）、一阶微分（R'）、二阶微分（R''）和倒数对数（lg（$1/R$））、倒数对数一阶微分（lg（$1/R$）$'$）、二阶微分（lg（$1/R$）$''$）做相关性分析，并做相关系数在 0.01 水平上的显著性检验，如图 10.1 所示。

　　从图 10.1 可以看出，土壤有机质含量与光谱反射率、倒数对数相关性较小，没有波段的相关性通过 0.01 水平上的显著性检验，提取特征波段不适用于土壤有机质含量高光谱模型的估算。光谱反射率经过一阶微分、二阶微分和倒数对数一阶微分、二阶微分变换后，所得到的光谱数值与土壤有机质含量相关系数均有提高，部分波段相关性通过了 0.01 水平上的显著性检验，可以用于土壤有机质含量高光谱模型的估算。

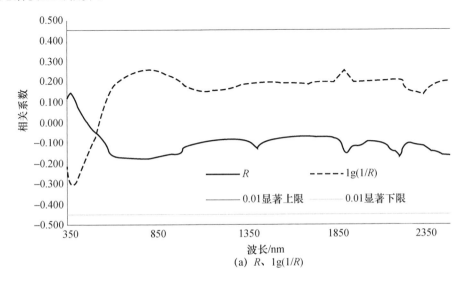

(a) R、lg($1/R$)

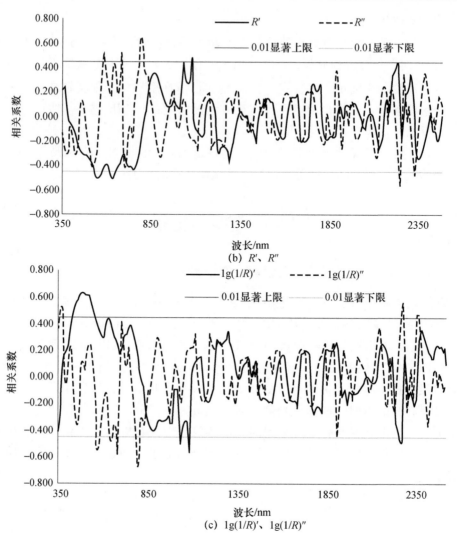

图 10.1　荒漠土壤有机质含量与 R 和 $\lg(1/R)$、R' 和 R''、
$\lg(1/R)'$ 和 $\lg(1/R)''$ 的相关系数

10.2.2　土壤有机质含量的一元线性回归模型

将用于土壤有机质含量估算模型的样本随机划分为 2 组，其中样本 24 个用于一元线性回归方法建立模型，剩余的 8 个用于模型的验证。0～20 cm 土壤层的土壤有机质含量实测值作为因变量，选择土壤光谱反射率、倒数对数光谱、一阶微分光谱、二阶微分光谱、倒数对数一阶微分光谱、倒数对数二阶微分光谱和有机质含量相关系数属于 0.01 水平上显著相关且绝对值最大的波段作为自变量，进行一元线性回归分析。根据光谱与有机质含量相关系数属于 0.01 水平上显著相关且

绝对值最大的波段作为自变量的标准，光谱反射率和倒数对数光谱没有波段入选，入选的波段有一阶微分光谱的 550 nm、二阶微分光谱的 790 nm、倒数对数一阶微分光谱的 490 nm 和倒数对数二阶微分光谱的 790 nm，以其作为自变量，建立土壤有机质含量的高光谱一元线性回归模型（Y 为有机质含量的估算值（g/kg））。

1. 一阶微分模型表达式：
$$Y=0.58+2590.31\times b_{550} \tag{10-4}$$
式中：b_{550} 是 550～559 nm 波段的一阶微分的平均值。

2. 二阶导数光谱模型表达式：
$$Y=13.58+1672001.45\times b_{790} \tag{10-5}$$
式中：b_{790} 是 790～799 nm 波段的二阶微分的平均值。

3. 倒数对数一阶微分模型表达式：
$$Y=21.07+4395.86\times b_{490} \tag{10-6}$$
式中：b_{490} 是 490～499 nm 波段的倒数对数一阶微分的平均值。

4. 倒数对数二阶微分模型表达式：
$$Y=14.05-742374.28\times b_{790} \tag{10-7}$$
式中：b_{790} 是 790～799 nm 波段的倒数对数二阶微分的平均值。

表 10.1 是土壤有机质含量一元线性回归模型的检验结果。从表 10.1 看出，一阶微分模型建模精度和检验精度较差。倒数对数一阶微分建模的修正决定系数、统计量 F 值和模型检验的修正决定系数，虽然相比一阶微分有较大提高，但 $RMSE$ 却是 4 个模型中最高的，模型的效果也不好。在建模精度上，倒数对数二阶微分比二阶微分略差，但在检验精度上比二阶微分有较大提高。综合考虑可得：在一元线性回归模型中，倒数对数二阶微分模型最优。

图 10.2 为有机质含量一元线性回归模型实测值与估算值的比较。一阶微分和倒数对数一阶微分模型的估算精度不高，建模样本和验证样本偏离 1∶1 线。二阶微分、倒数对数微分模型的估算精度和一阶微分、倒数对数一阶微分模型估算的精度有所提高，建模样本和验证样本向 1∶1 线靠近，偏离 1∶1 线的样本个数有所减少。倒数对数二阶微分在一元线性回归模型表现最优，估算能力最优。

表 10.1　土壤有机质含量一元线性回归模型检验结果

模型	建模			模型检验		
	统计量 F 值	可决定系数 $\overline{R^2}$	均方根误差 $RMSE$	统计量 F 值	可决定系数 $\overline{R^2}$	均方根误差 $RMSE$
一阶微分 R'	0.89	0.01	3.88	0.91	0.09	3.05
二阶微分 R''	23.83	0.50	2.72	3.35	0.33	3.19
倒数对数一阶微分 lg $(1/R)'$	22.17	0.48	2.71	6.32	0.49	3.85
倒数对数二阶微分 lg $(1/R)''$	19.42	0.45	2.86	6.35	0.49	2.54

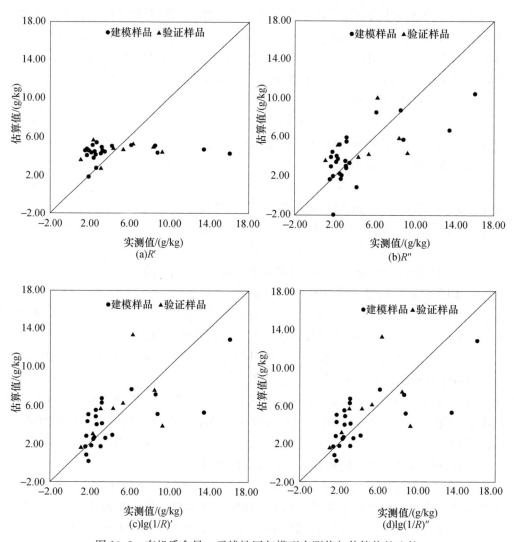

图 10.2　有机质含量一元线性回归模型实测值与估算值的比较

10.2.3　土壤有机质含量的多元逐步回归模型

与一元线性回归模型建立方法相同，将 0～20 cm 土壤层有机质含量实测值作为因变量，选择土壤原始光谱、一阶微分光谱、二阶微分光谱、倒数对数一阶微分光谱和有机质含量相关系数属于 0.01 水平上显著相关的波段作为自变量，进行多元逐步回归分析。根据光谱与有机质含量相关系数属于 0.01 水平上显著相关的波段作为自变量的标准，光谱反射率和倒数对数光谱没有波段入选，入选波段有一阶微分光谱的 530～570 nm、620～640 nm、1030 nm 和 1080 nm，二阶微分光谱的 570～580 nm、680 nm、790～800 nm、2250 nm 和 2330～2340 nm，倒数对数一阶微分光谱的 430～550 nm、1030 nm、1080 nm 和 2230～2240 nm，倒数对数二阶微分光谱的 370～380 nm、560～580 nm、640～650 nm、680 nm、790～800 nm、189 nm、2250 nm 和 2330～2340 nm。设定变量方差贡献显著水平 0.050 作为入选和剔除变量的标准，建立土壤有机质含量的高光谱反演模型。

1. 一阶微分模型表达式：

$$Y = 5.66 + 12142.08 \times b_{630} - 38559.19 \times b_{1080} \tag{10-8}$$

式中：b_{630} 和 b_{1080} 分别是 630～639 nm 和 1080～1089nm 波段的一阶微分的平均值。

2. 二阶导数光谱模型表达式：

$$Y = 14.46 + 1846332.89 \times b_{680} + 1457951.34 \times b_{790} - 86310.23 \times b_{2340} \tag{10-9}$$

式中：b_{680}、b_{790} 和 b_{2340} 分别是 680～689 nm、790～799 nm 和 2340～2349 nm 波段的二阶微分的平均值。

3. 倒数对数一阶微分模型表达式：

$$Y = 14.30 - 2697.12 \times b_{430} + 6251.96 \times b_{450} \tag{10-10}$$

式中：b_{430} 和 b_{450} 分别是 430～439 nm 和 450～459 nm 波段的倒数对数一阶微分的平均值。

4. 倒数对数二阶微分模型表达式：

$$Y = 12.05 - 204883.07 \times b_{560} + 186640.79 \times b_{570} - 881832.00 \times b_{640} - 726060.96 \times b_{790} \tag{10-11}$$

式中：b_{560}、b_{570}、b_{640} 和 b_{790} 分别是 560～569 nm、570～579 nm、640～649 nm 和 790～799 nm 波段的倒数对数二阶微分的平均值。

表 10.2 为土壤有机质含量多元逐步回归模型的检验结果。从表 10.1 和表 10.2 可以看出，多元逐步回归模型建模的可决定系数 $\overline{R^2}$ 比一元线性回归模型有所提高，其中二阶微分、倒数对数二阶微分分别提高到了 0.72 和 0.76。但是，与一元线性回归模型相似，一阶微分模型建模精度和检验精度依然较差，倒数对数一阶微分模型的精度也不高。在模型检验参数上，二阶微分虽然建模可决定系数 $\overline{R^2}$ 比倒数对数二阶微分低了 0.04，但统计量 F 值和模型检验可决定系数 $\overline{R^2}$ 比倒数对数二阶微分高，$RMSE$ 比倒数对数二阶微分低。综合考虑得出：在多元逐步回归模型中，二阶微分模型最优。

图 10.3 为有机质含量多元逐步回归模型实测值与估算值的比较。一阶微分和倒数对数一阶微分模型的建模样本和验证样本依然偏离 1∶1 线，模型估算精度不高。二阶微分和倒数对数微分模型的建模样本和验证样本更加向 1∶1 线靠近，偏离 1∶1 线的样本个数减少，模型估算精度较高。二阶微分在多元逐步回归模型表现最优，估算能力最优。从图 10.2 和图 10.3 比较分析发现，多元逐步回归模型估算的精度优于一元线性回归模型估算的精度，其原因可能是用单个波段不能较好

的体现土壤有机质光谱特征，而多个相关波段能够较好地反映土壤有机质的光谱信息，从而可以较好估算土壤有机质含量。

表 10.2　有机质含量多元逐步回归模型检验结果

模型	建模			模型检验		
	统计量 F 值	可决定系数 $\overline{R^2}$	均方根误差 $RMSE$	统计量 F 值	可决定系数 $\overline{R^2}$	均方根误差 $RMSE$
一阶微分 R'	3.35	0.17	3.46	0.91	0.19	4.60
二阶微分 R''	21.36	0.72	2.06	1.49	0.46	3.50
倒数对数一阶微分 lg（1/R）$'$	12.59	0.50	2.87	1.58	0.33	3.67
倒数对数二阶微分 lg（1/R）$''$	19.59	0.76	2.06	0.57	0.31	3.82

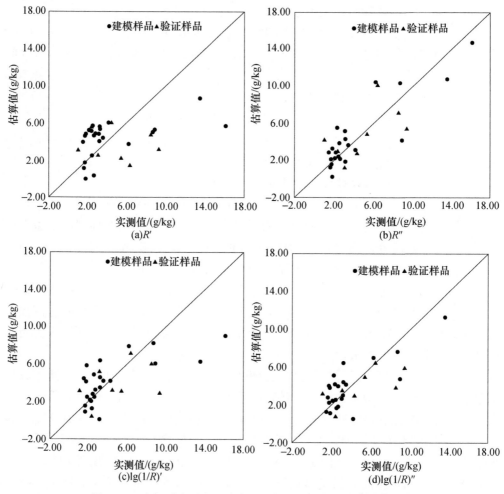

图 10.3　有机质含量多元逐步回归模型实测值与估算值的比较

10.2.4　土壤有机质含量的偏最小二乘回归模型

与多元逐步回归模型建立方法相同，将 0～20 cm 土壤层有机质含量实测值作为因变量，选择多元逐步回归模型入选的一阶微分光谱、二阶微分光谱、倒数对数一阶微分和二阶微分光谱的波段作为自变量，进行偏最小二乘回归分析，建立土壤有机质含量的高光谱反演模型。

1. 一阶微分模型表达式：

$$Y = -10.86 + 15731.78 \times b_{630} + 50221.47 \times b_{1080} \tag{10-12}$$

式中：b_{630} 和 b_{1080} 分别是 630～639 nm 和 1080～1089 nm 波段的一阶微分的平均值。

2. 二阶导数光谱模型表达式：

$$Y = 13.61 + 1628089.14 \times b_{680} + 1362995.84 \times b_{790} - 72517.47 \times b_{2340} \tag{10-13}$$

式中：b_{680}、b_{790} 和 b_{2340} 分别是 680～689 nm、790～799 nm 和 2340～2349 nm 波段的二阶微分的平均值。

3. 倒数对数一阶微分模型表达式：

$$Y = 16.18 - 1485.28 \times b_{430} + 5070.54 \times b_{450} \tag{10-14}$$

式中：b_{430} 和 b_{450} 分别是 430～439 nm 和 450～459 nm 波段的倒数对数一阶微分的平均值。

4. 倒数对数二阶微分模型表达式：

$$Y = 16.94 - 61867.06 \times b_{560} - 63427.60 \times b_{570} \\ - 244699.14 \times b_{640} - 295090.18 \times b_{790} \tag{10-15}$$

式中：b_{560}、b_{570}、b_{640} 和 b_{790} 分别是 560～569 nm、570～579 nm、640～649 nm 和 790～799 nm 波段的倒数对数二阶微分的平均值。

表 10.3 为土壤有机质含量偏最小二乘回归模型的检验结果。从表 10.3 可以看出，在偏最小二乘回归模型中，一阶微分、倒数对数一阶微分和倒数对数二阶微分的模型精度不高，二阶微分模型的精度最优。从表 10.2 和表 10.3 可以看出，一阶微分和二阶微分建模可决定系数 $\overline{R^2}$ 比多元逐步回归模型的建模的可决定系数 $\overline{R^2}$ 略有提高，但倒数对数一阶微分和倒数对数二阶微分的建模可决定系数却有所下降。二阶微分模型与其多元逐步回归模型相比，虽模型验证可决定系数 $\overline{R^2}$ 低了 0.05，但在模型检验可决定系数 $\overline{R^2}$ 和统计量 F 值要高，$RMSE$ 要低，综合考虑得出：对于二阶微分模型，偏最小二乘回归模型优于多元逐步回归模型。

图 10.4 为有机质含量偏最小二乘回归模型实测值与估算值的比较。一阶微分、倒数对数一阶微分和倒数对数二阶微分模型的建模样本和验证样本也偏离 1∶1 线，模型估算精度依然不高。二阶微分模型的建模样本和验证样本基本分布在 1∶1 线

附件,模型估算精度较高。二阶微分在偏最小二乘法回归模型表现最优,估算能力最优。从图10.3和图10.4比较分析,对于二阶微分模型,偏最小二乘法回归模型的估算精度优于逐步多元回归模型估算的精度;但对一阶微分、倒数对数一阶微分和倒数对数二阶微分模型,偏最小二乘回归模型的估算精度劣于逐步多元回归模型的估算精度。在多元逐步回归模型和偏最小二乘回归模型中,最优模型都是反射率的二阶微分处理,这表明反射率的二阶微分变换能够较好地消除土壤质地和成土母质对光谱的影响,增强光谱对有机质的敏感性。因此,先通过多元逐步回归确定荒漠土壤有机质的特征波段,再用偏最小二乘法回归可以较好地估算荒漠土壤有机质含量。

表 10.3　有机质含量偏最小二乘回归模型检验结果

模型	建模			模型检验		
	统计量 F 值	可决定系数 $\overline{R^2}$	均方根误差 RMSE	统计量 F 值	可决定系数 $\overline{R^2}$	均方根误差 RMSE
一阶微分 R'	5.18	0.24	3.35	2.91	0.49	3.86
二阶微分 R''	24.24	0.76	1.95	1.30	0.41	3.39
倒数对数一阶微分 $\lg(1/R)'$	10.31	0.42	2.92	1.75	0.35	4.11
倒数对数二阶微分 $\lg(1/R)''$	14.83	0.48	2.78	1.01	0.48	5.18

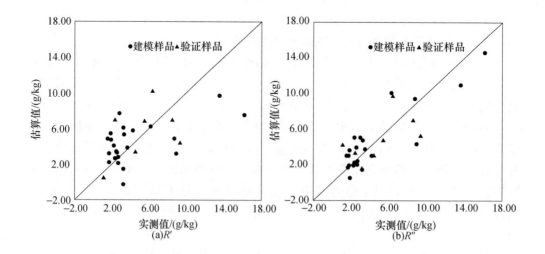

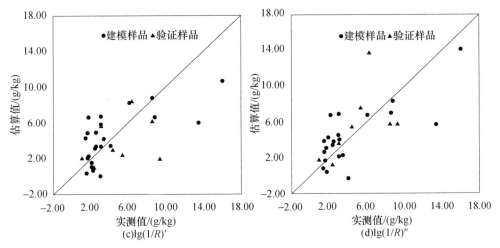

图 10.4　有机质含量偏最小二乘回归模型实测值与估算值的比较

10.3　结论与讨论

10.3.1　结论

通过对准噶尔盆地东部荒漠过渡带有机质含量低于 2% 的土壤样本进行有机质含量高光谱估算，选取敏感波段，比较不同建模方法建立估算模型的精度，找出了适应干旱区荒漠土壤有机质含量高光谱估算的方法。研究表明：

1. 荒漠土壤有机质光谱特性与其他类型土壤相比能够表现出其独特性，其敏感波段主要在 400～800 nm、1030～1080 nm 和 2250～2340 nm，其中 640～790 nm 最为显著。光谱数据进行变换后，可以提高土壤有机质含量与光谱的相关性，更能准确判断荒漠土壤有机质的敏感波段。

2. 通过三种不同建模方法的比较发现：一元线性回归建立的模型可决定系数不大于 0.50，偏离 1:1 线样本数多，建模的精度不高。经过多元逐步回归建立模型的可决定系数与一元线性回归相比，模型的可决定系数有较大提高（倒数对数一阶微分提高较小），偏离 1:1 线样本数目减少，建模的精度较一元线性回归有较明显的提升。经过偏最小二乘法建立的模型的可决定系数与多元逐步回归相比，一阶微分和二阶微分模型的可决定系数略有提高，但倒数对数一阶微分和二阶微分的可决定系数有所下降，其中倒数对数二阶微分下降幅度大，倒数对数一阶微分略有下降，偏离 1:1 线样本状况与可决定系数变换情况相近，这可能是建模方法的性质决定的。

3. 通过研究发现：首先经过荒漠土壤有机质含量与二阶微分光谱相关系数的

显著性检验，确定建模的入选波段；然后通过多元逐步回归方法，确定模型的最优波段组合；最后用偏最小二乘法回归方法，建立估算荒漠土壤有机质含量的模型。以上是准确、有效地估算荒漠土壤有机质含量方法。

10.3.2　讨论

土壤有机质反射率响应波段主要是通过有机质含量与光谱反射率的相关性分析确定的，相关性越高，确定敏感波段越容易。当荒漠土壤有机质含量低于2%时，土壤中组成物质光谱反射能力大幅增强，此时，土壤有机质的光谱特征难以辨别，有机质含量与光谱反射率相关性不高，难以确定敏感波段。学者曾对土壤有机质光谱响应波段开展大量研究，卢艳丽等[172]认为黑土在480~740 nm波段有机质与光谱呈极显著负相关，816~1415 nm波段有机质与光谱呈极显著正相关；刘炜等[173]认为450~650 nm是褐土有机质的主要响应波段；刘磊等[174]认为400~1000 nm波段是红壤土有机质的主要响应波段；刘焕军等[177]认为620~810 nm波段是黑土有机质的主要响应波段。土壤有机质响应波段集中在可见光和近红外光范围内，本研究结论与上述研究基本一致，但荒漠土壤光谱敏感区的具体位置与其他土壤有着差异，本研究中光谱在640~790 nm波段最为敏感。

可能由于土壤有机质含量增加，光谱逐渐趋于饱和，当土壤有机质含量较低时，预测值都高于实测值；有机质较高时，预测值基本接近实测值[181]。因此，样本中土壤有机质含量高于2%样本，会减小模型的误差，提高模型精度。当样本土壤有机质含量高于2%，甚至达到4.16%时，可以减小模型误差并提高模型精度，当剔除有机质含量高于2%的土壤样本时，模型精度会出现降低。本书建立的荒漠土壤有机质含量高光谱估算的最优模型，其精度高于徐彬彬等和彭杰等所建立的模型，与高志海等所建立模型差距很小；如果考虑到土壤有机质含量高于2%的样本对模型的影响，本书所建的最优模型也可能高于高志海等所建模型。由于模型的精度较高，当荒漠土壤有机质含量全部小于2%，可以用于荒漠土壤有机质含量的测定；当部分荒漠土壤样本有机质含量样本高于2%，预测的误差会缩小，且能够提高模型的精度。本研究所选取的32个采样点是根据研究区不同植被类型所布置的，能够较好地表现出在植物不同生物量积累下，土壤有机质含量水平，因此，本书建立的荒漠土壤有机质含量高光谱估算最优模型可以直接用于荒漠土壤有机质的测定。

第11章 准东地区土壤全磷含量热红外发射率估算研究

土壤为植物的生存提供了条件，土壤中的多种营养成分输送给了植物，是植物生长的重要供给源[194]。土壤磷元素作为植物营养的主要来源之一，对植物生长起着重要作用，植物根系早期的形成和植物的生存均需要土壤提供充分的磷元素；磷元素充分的供给提高了植物对外部环境的适应能力，同时也会增强一些植物的抗病能力[195]。传统的土壤全磷含量测定主要是通过土壤野外取样并化验分析来实现的。这种方法精度高，但时效差，成本较高，不能有效监测荒漠土壤的养分状况。运用高光谱遥感估算荒漠土壤全磷含量，动态分析土壤全磷含量的变化规律，可以快速、有效地监测荒漠土壤养分情况，为区域生态修复提供依据。

土壤热红外遥感是通过热红外传感器收集、记录土壤的热红外信息，并利用这种信息来反演土壤的内部组分和土壤参数等[196]。热红外在土壤研究中应用以来，在土壤含水量、含盐量、含沙量和土壤温度定量估算研究中应用比较多[197-201]。有研究表明，利用近红外光谱对土壤全磷含量进行定量估算的效果不理想[202]。且采用热红外光谱估算土壤磷含量的研究鲜有报道。本研究在准噶尔盆地东部荒漠过渡带，通过对荒漠土壤进行采样化验分析、光谱测量和处理，分析土壤全磷热红外发射率特征；通过多元逐步回归和偏最小二乘法建立荒漠土壤全磷含量多种热红外发射率估算模型，并经过模型的检验选出最优模型，以弥补可见光和近红外光谱在土壤总磷研究上的不足，提高土壤全磷含量的估算精度，为荒漠土壤全磷含量定量遥感估算提供有效支撑。

11.1 材料与方法

11.1.1 土壤样本的采集

土壤样本的采集在准噶尔盆地东部荒漠过渡带。本次研究采集土壤样本40个，取0~10 cm土壤层土壤混合样，每个土样重1 kg左右。在实验室自然风干、磨细，过20目筛。每个样本分为2份，一份用于光谱测试，另一份用于化学分析。土壤全磷含量测定采用碱熔融-钼蓝比色法[188]。40个样本中，全磷含量最大值是0.406 g/kg，最小值是0.102 g/kg，平均值是0.268 g/kg，标准差是0.059 g/kg，变异系数为 0.22。

11.1.2 土壤样本热红外辐射光谱测定

土壤样本热红外发射率光谱的测定采用美国 Design&Prototypes 公司生产的 102F 便携式傅里叶变换红外光谱辐射仪，光谱响应在 2～16 μm，光谱分辨率为 4cm^{-1}，探头视场角为 4.8°。土壤发射率光谱的测定应在天气晴朗、风力不大于 3 级、气温稳定在 15～35 ℃、北京时间 10—12 时条件下进行，土壤样本与仪器传感器探头的距离要小于 1 m，土壤样本置于表面整洁、平滑的玻璃器皿（直径 20 cm，高 2.5 cm）中。

光谱仪同时测定大气下行辐射，冷、热黑体辐射和土壤样本辐射。大气下行辐射由漫反射金板测定获得，用红外线热电偶温度计测量金板的温度。采用液氮对冷、热黑体进行冷却，标定间隔时间 10～20 min。土壤样本辐射测量应及时完成，样本顺时针转动 4 次，每次 90°，每个方向采集 3 次，每个样本获得 12 个热红外辐射数据。

11.1.3 土壤样本热红外发射率计算

土壤热红外发射率由 "FTIR 温度与发射率分离处理软件 V1.0"软件（软件登记号：2014SR021958）计算获得。根据有些学者的研究：土壤发射率在 8.00～13.00 μm 受到噪声影响小，适合研究土壤热红外发射特征[203]。因此，本研究通过"FTIR 温度与发射率分离处理软件 V1.0"计算土壤样本最优模拟温度下的 8.00～13.00 μm 波段热红外发射率，光谱间隔为 0.01 μm，同时去除发射率高于 1 的值，单条发射率曲线有 492 个波段值。

11.1.4 光谱数据预处理

在数据分析之前，通过 Savitzky-Golay 平滑法进行平滑处理，消除光谱曲线噪音可能引起的误差。为提高光谱灵敏度，对原始热红外发射率 E 进行倒数对数（lg(1/E)）、平方根（$\sqrt{E}$）、连续去除（CR（E））、一阶导数（E'）、倒数对数的一阶导数（lg(1/E)′）、平方根的一阶导数（$\sqrt{E}'$）、连续去除的一阶导数（CR（E）′）的变换。

11.1.5 模型验证

模型的有效性验证通过可决定系数（$\overline{R^2}$）、均方根误差（$RMSE$）和相对分析误差（RPD）3 个指标进行评价。R^2 越高，$RMSE$ 越小，表明模型估算的准确性越高，反之则模型估算的准确性越差。$RPD>2$ 时，模型的预测的精度极佳；1.4

$<RPD<2$ 时，模型预测的精度尚可；$RPD<1.4$ 时，模型预测的精度极差[204]。1∶1 线指由到 y 轴和 x 轴距离相等的点构成的对角线，其意义在于模型检验指标差异很小的情况下，可以通过实测值和估算值所构成的点偏离 1∶1 线的程度来评估模型的精度[205]。

11.2　结果与分析

11.2.1　土壤热红外发射率特征分析

根据本实验前期研究：干旱区荒漠土壤中的含盐量和含沙量的增减会影响土壤热红外发射率光谱特征[198,201]，土壤全磷含量的不同如何导致土壤热红外发射光谱特征的变化，这是一个值得研究的问题。运用 DPS 14.50 软件，通过系统聚类中的最短距离法，将研究样本土壤全磷含量分为 4 类，土壤全磷含量（P）分别是：$P_1 \leqslant 0.200$ g/kg，0.200 g/kg$<P_2 \leqslant 0.250$ g/kg，0.250 g/kg$<P_3 \leqslant 0.310$ g/kg，$P_4 > 0.310$ g/kg。对每类土壤热红外发射率做均值处理，得到不同土壤全磷含量水平下的热红外发射率值（图 11.1）。4 类总磷含量的土壤热红外发射率曲线整体上变化趋势一致。去除 P_1 曲线外，在 $8.09 \sim 10.30$ μm 波段，随着土壤全磷含量的增加，土壤发射率呈增大趋势，发射率变化幅度在 $9.00 \sim 9.60$ μm 波段最大，随后变化幅度趋于减小。在 $10.31 \sim 13.00$ μm 波段，随着土壤全磷含量的增加，土壤发射率变化幅度趋于平缓，在 $12.60 \sim 13.00$ μm 波段，发射率曲线几乎重叠，变化幅度极小。本研究中 $P_1 \leqslant 0.200$ g/kg 的样本个数只有 3 个，平均后的土壤热红外发射率反而高于其他三类土壤的值，可能原因为：样本量过少，导致土壤热红外发射率平均值没能准确反映 $P_1 \leqslant 0.200$ g/kg 水平下土壤热红外发射率特征；土壤全磷含量过少，使得土壤中其他元素遮盖了全磷含量对热红外发射率光谱特征的影响，这种原因的不确定性是以后研究的一个方向。但是，在 P_2、P_3 和 P_4 土壤热红外发射率曲线变化比较中，可以确定土壤热红外发射率总体上随着

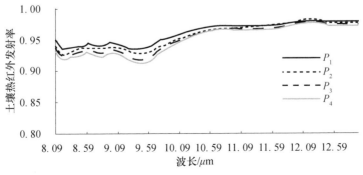

图 11.1　不同土壤全磷含量水平下的热红外发射率值

全磷含量的增加而增加，并且在不同波段变化幅度存在差异，9.00～9.60 μm 波段土壤热红外发射率对全磷含量最敏感。

11.2.2 土壤全磷含量的多元逐步回归模型

将用于土壤全磷含量估算模型样本随机划分为 2 组，其中总样本的 80% （32个）用于建立模型，剩余的 20% （8个）用于模型的验证。0～10 cm 土壤层土壤全磷含量实测值作为因变量，选择土壤原始发射率光谱及其 7 种变换形式的光谱波段作为自变量，在 SPSS 19.0 软件下进行多元逐步回归分析，设定变量方差贡献显著性水平为 0.050 和 0<VIF<10 作为入选和剔除变量的标准，建立土壤全磷含量的热红外发射率估算模型。

表 11.1 是土壤全磷含量的发射率估算模型通过多元逐步回归所得的验证结果。原始发射率及非一阶导数变换光谱，通过多元逐步回归拟合，没有波段入选方程，这表明倒数对数、平方根和连续去除的数学变换对土壤热红外发射率信息有效提取的作用不大。从表 11.1 中可以看出：E'、lg $(1/E)'$、$\sqrt{E'}$ 和 CR $(E)'$ 的发射率光谱，通过多元逐步回归拟合，入选波段数在 6～8 个，倒数对数的一阶导数、连续去除的一阶导数模型入选波段为 6 个，一阶导数、平方根的一阶导数模型入选的波段为 8 个。土壤发射率一阶微分的模型校正和验证精度都优于其他 3 种模型，模型校正的 $\overline{R^2}$ 达到了 0.88，$RMSE$ 达到了 0.0217，这表明模型校正的拟合能力和稳定性较优异；模型验证的 R^2 达到了 0.77，$RMSE$ 达到了 0.0325，RPD 为 1.26，是多元逐步回归模型的最优模型，但由于其 RPD 小于 1.4，模型无法对样本进行估测。土壤发射率倒数对数、平方根和连续去除的一阶微分的 RPD 分别为 0.96、1.06 和 0.62，模型无法对样本进行估测。图 11.2 为土壤全磷含量多元逐步回归模型实测值与估算值的比较，4 个模型的验证样本较偏离 1∶1 线，模型的估算效果较差。因此，通过多元逐步回归建立的土壤全磷含量的热红外发射率估算模型不能用于全磷含量的估测。

表 11.1　土壤全磷含量多元逐步回归模型检验结果

变换形式	建模波段数	模型校正		模型验证		相对分析误差 RPD
		可决定系数 $\overline{R^2}$	均方根误差 $RMSE$	可决定系数 $\overline{R^2}$	均方根误差 $RMSE$	
一阶导数 E'	8	0.88	0.0217	0.77	0.0325	1.26
倒数对数的一阶导数 lg $(1/E)'$	6	0.75	0.0309	0.68	0.0429	0.96
平方根的一阶导数 $\sqrt{E'}$	8	0.83	0.0258	0.74	0.0388	1.06
连续去除 CR $(E)'$	6	0.73	0.0320	0.30	0.0661	0.62

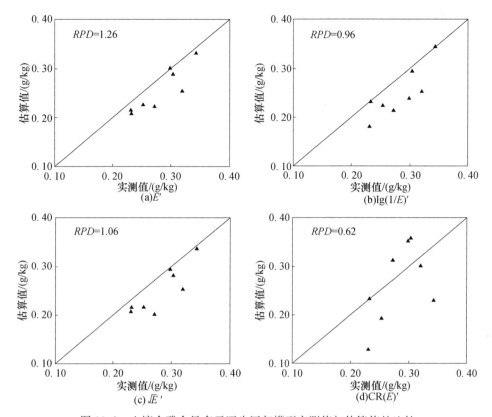

图 11.2　土壤全磷含量多元逐步回归模型实测值与估算值的比较

11.2.3　土壤全磷含量的偏最小二乘回归模型

与多元逐步回归模型方法相同，将 $0 \sim 10$ cm 土壤层土壤全磷含量实测值作为因变量，选择一阶导数、倒数对数的一阶导数、平方根的一阶导数和连续去除的一阶导数的光谱波段作为自变量，在 SIMCA-P11.5 软件下进行偏最小二乘回归分析，建立土壤全磷含量的热红外发射率估算模型。

表 11.2 是土壤全磷含量的发射率估算模型通过偏最小二乘回归所得的验证结果。从表 11.2 中可以看出：E'、$\lg (1/E)'$、$\sqrt{E}'$ 和 CR $(E)'$ 的发射率光谱，通过偏最小二乘回归拟合，入选主成分数在 $7 \sim 9$ 个，一阶导数模型入选的主成分数为 7 个，连续去除的一阶导数模型入选主成分数为 8 个，倒数对数和平方根的一阶导数模型入选的主成分数为 9 个。土壤发射率连续去除的一阶导数的模型校正和验证精度都优于其他 3 种模型，模型校正的 $\overline{R^2}$ 达到了 0.97，RMSE 达到了 0.0106，这表明模型校正的拟合能力和稳定性极优异；模型验证的 $\overline{R^2}$ 达到了 0.82，RMSE 达到了 0.0157，RPD 为 2.62，模型能够极好地对样本进行估测。土壤发射率一阶导

数、倒数对数和平方根的一阶导数的 RPD 分别为 1.68、1.60 和 1.23，土壤发射率一阶导数模型和倒数对数一阶导数模型能够对样本进行初略估测，平方根的一阶导数模型依然无法对样本进行估测。图 11.3 为土壤全磷含量偏最小二乘回归模型实测值与估算值的比较，连续去除的一阶导数模型的验证样本最接近 1：1 线，模型的估算效果最好，连续去除的一阶导数偏最小二乘回归模型是 8 个模型中的最优模型。通过表 11.2 与表 11.1 和图 11.3 与图 11.2 对比分析可发现，偏最小二乘回归建立的土壤全磷含量的估算模型精度优于多元逐步回归所建立的估算模型。

表 11.2　土壤全磷含量偏最小二乘回归模型检验结果

变换形式	建模主成分数	模型校正		模型验证		相对分析误差 RPD
		可决定系数 $\overline{R^2}$	均方根误差 $RMSE$	可决定系数 $\overline{R^2}$	均方根误差 $RMSE$	
一阶导数 E'	7	0.95	0.0143	0.81	0.0245	1.68
倒数对数的一阶导数 $\lg(1/E)'$	9	0.97	0.0113	0.78	0.0256	1.60
平方根的一阶导数 $\sqrt{E}'$	9	0.97	0.0106	0.82	0.0157	2.62
连续去除 $CR(E)'$	8	0.93	0.0159	0.56	0.0335	1.23

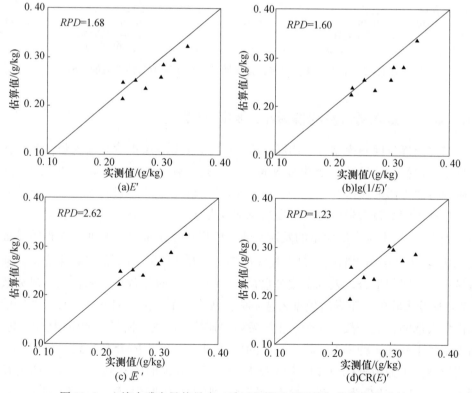

图 11.3　土壤全磷含量偏最小二乘回归模型实测值与估算值的比较

11.3　结论与讨论

通过对比分析 4 类土壤全磷含量的热红外发射率曲线发现，在土壤全磷含量高于 0.200 g/kg 的条件下，在 8.00～13 μm 波段热红外发射率随全磷含量的增加而增加．不同全磷含量的土壤发射率变化幅度存在着差异，9.00～9.60 μm 波段土壤热红外发射率对全磷含量最敏感。

土壤全磷含量的多元逐步回归模型与偏最小二乘回归模型的验证结果对比分析可以发现：多元逐步回归建立的模型不能用于全磷含量的估测，偏最小二乘回归建立模型的效果要优于多元逐步回归。

通过偏最小二乘回归建立的连续去除一阶导数模型最优，校正和验证的 $\overline{R^2}$ 分别达到了 0.97 和 0.82，校正和验证的 RMSE 仅有 0.0106 和 0.0157，RPD 为 2.62，模型能够极好地运用对土壤全磷含量进行估算。

通过研究可以发现，土壤全磷含量的不同会影响土壤的发射率。热红外波段对发射率比较敏感，通过计算土壤全磷含量与土壤发射率关系，土壤全磷含量可以从热红外波段反演中获得，从而实现热红外遥感监测土壤全磷含量。土壤热红外发射率在 8～13 μm 波段受土壤组分和参数的综合影响，由于土壤经过自然风干、过筛处理，较大程度去除了土壤水分及粗糙度的影响，使研究结果较准确反映了土壤全磷对热红外发射光谱的影响。但是，由于没能剔除其他土壤组分、参数对土壤热红外发射率的影响，综合土壤组分和参数对热红外发射率的影响是进一步需要研究的问题。

第12章 结论与展望

12.1 主要结论

1. 大气降尘通量在5—12月的时间变化趋势相一致；空间上，高值出现在工业区附近和西侧的荒漠区，低值在研究区东北和东南部。研究区大气降尘重金属Hg变异系数为强变异，As、Cr、Cu和Zn变异系数接近强变异，受人为活动影响大。大气降尘重金属中Hg、As和Pb相关性高，Cr、Cu和Zn相关性高；其第一主成分因子为Cu、Cr和Zn，第二主成分因子为Hg、As和Pb。

2. 大气降尘中Hg空间分布特征与As较相似，工业区附近为高浓度区和较高浓度区分布，西部荒漠地区为低浓度区分布。Pb的高浓度区分布在工业区及附近，较高浓度值分布在主要交通道路附近，低浓度区分散分布而面积不大。Cr和Cu的空间分布特征较相似，高浓度区和较高浓度区分布在工业区及附近，低浓度区分布在研究区远离工业活动的西部荒漠及研究区东南区域。Zn的高浓度区分布在工业区附近，同时较高浓度值分布在主要交通道路附近，低浓度区分布在研究区西部荒漠带、五彩湾煤电化工带北部和研究区东南部。

3. 大气降尘重金属污染，从单因子指数法来看：轻污染元素为As和Pb，中污染元素为Hg和Cu，重污染元素为Cr和Zn。从综合污染指数法来看：区域大气降尘的6重金属综合污染状况为中污染程度。从内梅罗综合污染指数法来看：中污染元素为Pb，重污染元素为Hg、As、Cr、Cu和Zn。从地累积指数法评来看：无污染元素为Hg和As，轻-中度污染元素为Pb，中度污染元素为Cr和Cu，极强度污染元素为Zn。从潜在生态危害指数法来看：轻微潜在生态危害元素为Pb、As、Cr和Cu，较高潜在生态危害元素为Hg和Zn，中等潜在生态危险为区域大气降尘重金属潜在生态危害状况。

4. 3个土壤层Hg均为强变异，其他5种元素为中等变异。3个土壤层中Hg和Cr、Cu和Zn相关性高。土壤重金属第一主成分因子为Cu、Cr和Zn，第二主成分因子为Hg、As和Pb。

5. 3个土壤层Hg、Pb、As和Cr的分布特征不同，但总体来讲高浓度区及较高浓度区均分布在工业区之间及附近区域，低值区分布在研究区煤田开采和工业活动少、交通不便利的荒漠地区。Cu和Zn的空间分布特征较相似，高浓度区出现在五彩湾煤电化工带内及附近西部区域和将军庙煤化工产业区附近西北区域，较高浓度区分布在高浓度区周边，低浓度区分布在研究区远离工业活动的西部荒漠和研究区东南区域。

6. 土壤重金属污染，从单因子指数法来看：0～10 cm、10～20 cm 和 20～30 cm 土壤层中的重金属，清洁元素为 Hg、Cu 和 Zn，轻污染元素为 Pb 和 Cr，中污染元素为 As。从综合污染指数评价来看：轻污染程度为 0～10 cm、10～20 cm 和 20～30 cm 土壤层 6 种重金属的综合污染状况，且呈现出随土壤深度增加，重金属污染程度降低的趋势；贡献较大的元素为 Hg、Cr 和 As，贡献小的元素 Pb、Cu 和 Zn。从内梅罗综合污染指数法来看：在 0～10 cm、10～20 cm 和 20～30 cm 土壤层中，重污染元素为 Hg 和 As，中污染元素为 Pb，轻污染元素为 Cu；在 0～10 cm 和 20～30 cm 土壤层中，重污染元素为 Cr；在 10～20 cm 土壤层中，中污染元素为 Cr，警戒元素为 Zn。从地累积指数评价来看：0～10 cm、10～20 cm 和 20～30 cm 土壤层中，轻-中度污染元素为 As 和 Cr，无污染元素为 Hg、Pb、Cu 和 Zn。从潜在生态危害指数法来看：在 0～10 cm、10～20 cm 和 20～30 cm 土壤层中，轻微潜在生态危害元素为 Hg、Pb、As、Cr、Cu 和 Zn，区域土壤重金属潜在生态危害状况为轻微潜在生态危险。

7. 样本不同，植物中重金属元素的变异系数不同。总体上，Hg 变异系数为强变异，其他元素为中等变异。不同植物及植物不同部位中重金属元素的相关性也有差异：琵琶柴地上部分重金属的 PC1 因子是 Cr、As、Hg 和 Cu，PC2 因子是 Zn；地下部分重金属的 PC1 因子是 Cu、As、Cr 和 Zn，PC2 因子是 Hg。梭梭地上部分重金属的 PC1 因子 Zn、As 和 Cu，PC2 因子是 Hg 和 Cr；地下部分重金属的 PC1 因子是 Zn、Cr、Cu 和 As，PC2 因子是 Hg。蛇麻黄地上部分重金属的 PC1 因子是 Hg、Zn 和 As，PC2 因子是 Cr 和 Cu；地下部分重金属的 PC1 因子是 Zn 和 Cu，PC2 因子是 Hg 和 Cr。假木贼地上部分重金属的 PC1 因子是 As 和 Cu，PC2 因子是 Zn 和 Hg；地下部分重金属的 PC1 因子是 Cr、Hg、Zn 和 As，PC2 因子是 Cu。

植物重金属 Hg 的高浓度区出现在将军庙煤化工产业区附近、大井煤田煤化工产业园附近和五彩湾露天矿区附近，As 的高浓度区分布在将军庙煤化工产业区与大井煤田煤化工产业园之间的区域、五彩湾煤电化工带东北和西南之间的区域，Cr 的高浓度区出现在五彩湾煤电化工带与火烧山高载能产业区之间的区域，Cu 的高浓度区出现在研究区西部公路附近，Zn 的高浓度区分布在五彩湾煤电化工带与火烧山高载能产业区西南区域、将军庙煤化工产业区与大井煤田煤化工产业园之间的西南区域。

单因子指数评价来看：植物样本中 Hg 高于 As、Cr、Cu 和 Zn，Hg 主要为轻污染，其他 4 种元素为清洁。从综合污染指数评价来看：5 种植物综合污染程度为清洁，Hg 对综合污染指数的贡献较大，而 As、Cr、Cu 和 Zn 对综合污染指数的贡献小。从内梅罗综合污染指数评价来看：植物样本中 Hg 高于 As、Cr、Cu 和 Zn，Hg 为轻污染、中污染和重污染，As、Cr、Cu 和 Zn 主要为安全。从地累积指数评价来看：4 种植物的 Hg、As、Cr、Cu 和 Zn 均为无污染。从潜在生态危害指数法来看：植物样本的单个潜在危害指数，Hg 高于其他 4 种元素，4 种植物对于潜在生态危害指数值均小于 150，为轻微潜在生态危险。

8. 通过降尘对土壤重金属的输入，3 个土壤层重金属都是增加的，其中 Zn 和 Cr 增加明显，其次是 Cu、As 和 Pb，Hg 增加均值最小。随着年份的增加，3 个土壤层 6 种重金属含量均呈增长趋势，其中 Zn 含量增加最多，在 50 a 后增加了 738.29～1013.47 mg/kg；Cr 含量增加了 16.72～17.70 mg/kg；Hg 含量虽然增加值小，但增长幅度却较高，且 Hg 的毒害性高，会造成区域重金属污染严重，危害区域生态安全。

琵琶柴和梭梭对 Zn、Hg、Cr、As 和 Cu 有较强运移能力。蛇麻黄对 Hg 和 As 有着较强的运移能力，对 Cr、Cu 和 Zn 的运移能力较弱。假木贼对 Hg 和 As 有着很强的运移能力，对 Cr 有着较强的运移能力，对 Cu 和 Zn 也有一定运移能力。琵琶柴和梭梭对于 Hg 的富集有着较强的能力，对于 As、Cr、Cu 和 Zn 的富集有着较弱的能力。蛇麻黄对于 Hg 和 Cu 有着较强的富集能力，对于 As、Cr 和 Zn 的富集能力较弱。假木贼对于 Hg 的富集能力很强，对于 As、Cr、Cu 和 Zn 有较弱的富集能力。4 种植物对 Hg 的富集能力由大到小排序依次是：假木贼＞蛇麻黄＞梭梭＞琵琶柴。琵琶柴和梭梭地下部分对 Zn、Hg、Cr、As 和 Cu 的滞留能力弱。蛇麻黄地下部分对 Hg 和 As 的滞留能力弱，对 Cr、Cu 和 Zn 的滞留能力较强。假木贼地下部分对 Hg、As 和 Cr 的滞留能力很弱，对 Cu 和 Zn 有一定滞留能力。总体来讲，4 种植物对 Hg、As 和 Cr 的根系滞留能力弱，对 Cu 和 Zn 有一定的根系滞留能力。

9. 遥感估算的植物生物量在 5—8 月整体上呈增长趋势，在 9 月植物生长量开始下降。从空间上来看，植物生物量高值出现在研究区西南区域的农田，而在北部卡拉麦里保护区植物生物量较高，在荒漠区和戈壁植物生物量低。

研究区植物生物量的空间分布受降尘中 Cu、Cr 和 Zn 潜在生态危害影响较大，降尘中 3 种重金属元素的潜在生态危害对植物生物量影响的程度由大到小排序依次为：Cu＞Cr＞Zn，植物生物量受控降尘中 Hg、Pb 和 As 潜在生态危害因子小；研究区植物生物量的空间分布受土壤中 Pb 的潜在生态危害较大，其他 5 种重金属元素的潜在生态危害对植物生物量影响小；研究区植物生物量的空间分布受植物体内 Cu、Hg、Cr、Zn 和 As 的潜在生态危害因子小。

研究区降尘、土壤和植物中重金属对植物生物量的空间分布的影响，总体排序是：降尘＞土壤＞植物。

10. 准东地区土壤有机质光谱特性与其他类型土壤比较相比表现出独特性，其敏感波段主要在 400~800 nm、1030~1080 nm 和 2250~2340 nm，其中 640~790 nm 最为显著。光谱数据进行变换后，可以提高土壤有机质含量与光谱的相关性，可以准确判断荒漠土壤有机质的敏感波段。通过研究发现，首先经过荒漠土壤有机质含量与二阶微分光谱相关系数的显著性检验，确定建模的入选波段，然后通过多元逐步回归方法确定模型的最优波段组合，最后用偏最小二乘法回归方法建立估算荒漠土壤有机质含量的模型，以上是准确、有效地估算荒漠土壤有机质含量的方法。

11. 通过对比分析 4 类土壤全磷含量的热红外发射率曲线发现，在土壤全磷含量高于 0.200 g/kg 的条件下，在 8.00~13 μm 波段热红外发射率随全磷含量的增加而增加。不同全磷含量的土壤发射率变化幅度存在着差异，9.00~9.60 μm 波段土壤热红外发射率对全磷含量最敏感。

土壤全磷含量的多元逐步回归模型与偏最小二乘回归模型的验证结果对比分析可以发现：多元逐步回归建立的模型不能用于全磷含量的估测，偏最小二乘回归建立模型的效果要优于多元逐步回归。

12.2　研究特色

1. 分析了准东地区由于大规模的露天煤炭开采、工业活动及交通活动而引起的扬尘、煤尘、烟尘和尾气等颗粒物形成的大气降尘的时空变化特征，并分析了大气降尘重金属含量、来源和分布特征及污染状况。

2. 分析了由于大气降尘引起的土壤输入，进一步导致的土壤重金属空间变化的特征，并分析了土壤重金属含量、来源和分布特征及污染状况。

3. 分析了干旱区荒漠典型植物的重金属含量、来源、转移、富集和滞留能力，评价了其污染程度，分析了降尘-土壤-植物重金属的生态效应。

12.3　不足与展望

1. 由于大气降尘采集的样本量较少，没有能够分析每次大气降尘中重金属的含量，无法分析大气降尘重金属时间上的变化和大气降尘的粒径特征。

2. 由于采样植物以小灌木为主，梭梭的采样同样选取了幼年梭梭，并未采集成年梭梭的样本。

3. 由于气象数据的缺失，未能建立大气降尘扩散模型。

参考文献

[1] 张新民，柴发合，孙新章．大气降尘研究进展 [J]．中国人口·资源与环境，2008，18 (3)：658-662.

[2] 李晋昌，董治宝．大气降尘研究进展及展望 [J]．干旱区资源与环境，2010，24 (2)：102-107.

[3] 王赞红．大气降尘监测研究 [J]．干旱区资源与环境，2003，17 (1)：54-59.

[4] 钱广强，董治宝．大气降尘收集方法及相关问题研究 [J]．中国沙漠，2004，24 (6)：779-782.

[5] 刘东生，韩家懋，张德二，等．降尘与人类世沉积-北京 2006 年 4 月 16—17 日降尘初步分析 [J]．第四纪研究，2006，26 (4)：628-633.

[6] 张宁，牛耕，李春生．兰州市大气降尘沉积物的粒度分布特征研究 [J]．干旱环境监测，1998，12 (1)：15-31.

[7] 张成君，胡轶鑫，钱韵砚．兰州市冬季大气沉降尘粒度特征及来源解析 [J]．兰州大学学报：自然科学版，2006，42 (6)：39-44.

[8] 王赞红，夏正楷．北京 2002 年 3 月 20—21 日尘暴过程的降尘量与降尘粒度特征 [J]．第四纪研究，2004，24 (1)：95-99.

[9] 李令军，王英，李金香．北京清洁区大气颗粒污染特征及长期变化趋势 [J]．环境科学，2011，32 (2)：319-323.

[10] 李玉霖，拓万全，崔建垣．兰州市沙尘和非沙尘天气降尘的粒度特征比较 [J]．中国沙漠，2006，26 (4)：644-647.

[11] 管清玉，潘保田，李琼，等．兰州市尘暴过程中降尘粒度特征探析 [J]．干旱区资源与环境，2010，24 (6)：87-90.

[12] 张正偲，董治宝，赵爱国．腾格里沙漠东南部近地层沙尘水平通量和降尘量随高度的变化特征 [J]．环境科学研究，2010，23 (2)：165-169.

[13] LIU L Y, SHI P J, GAO S Y, et al. Dust fall in China's western Loess Plateau as influenced by dust storm and haze events [J]. Atmospheric Environment, 2004, 38: 1699-1703.

[14] 杨丽萍，陈发虎，张成君．兰州市大气降尘的化学特性 [J]．兰州大学学报：自然科学版，2002，38 (5)：115-120.

[15] 张宁，李利平，王式功，等．兰州市城区与背景点冬季大气气溶胶中主要无机离子的组成特征 [J]．环境化学，2008，27 (4)：494-498.

[16] 刘永春，贺泓．大气颗粒物化学组成分析 [J]．化学进展，2007，19 (10)：1621-1631.

[17] 陈天虎，徐慧芳．大气降尘 TEM 观察及其环境矿物学意义 [J]．岩石矿物学杂志，2003，

22（4）：425-428.

[18] 王冠，夏敦胜，杨丽萍，等．兰州市街道尘埃元素质量分数季节变化特征 [J]．兰州大学学报：自然科学版，2008，44（1）：7-10.

[19] 王冠，夏敦胜，陈发虎，等．兰州市街道尘埃的元素空间变化特征 [J]．干旱区资源与环境，2008，22（6）：14-20.

[20] LI W J, SHAO L Y, WANG Z S, et al. Size, composition, and mixing state of individual aero solparticles in a south China coastal city [J]. Journal of Environmental Sciences, 2010, 22（4）：561-569.

[21] KIM K H, KANG C H, MA C J, et al. Airborne cadmium in spring season between Asian dust and non-Asian dust periods in Korea [J]. Atmospheric Environmental, 2008, 42: 623-631.

[22] 高扬，范必威．大气降尘与土壤中重金属铬的形态分布规律 [J]．干旱区资源与环境，2008，17（4）：1438-1441.

[23] 邓祖琴，张成君，胡轶鑫．兰州市大气降尘中多环芳烃特征及其与地形和气候因素之间的关系 [J]．干旱区资源与环境，2004，18（8）：48-51.

[24] 罗莹华，戴塔根，梁凯．大气颗粒物源解释研究综述 [J]．地质与资源，2006，15（2）：157-160.

[25] 于瑞莲，胡恭任，袁星，等．大气降尘中重金属污染源解析研究进展 [J]．地球与环境，2009，37（1）：73-79.

[26] 温淑瑶，邱维里，张宁，等．从沙尘暴降尘中元素的富集因子追踪元素的来源及对环境的影响 [J]．干旱区资源与环境，2010，24（5）：91-94.

[27] 毕木天．关于富集因子及应用问题 [J]．环境科学，1984，5（5）：68-70.

[28] 沈海，汪安璞．重庆大气颗粒物污染来源的鉴别 [J]．重庆环境科学，1988，10（6）：1-4.

[29] KARARK, GUPTA A K, XUMAR A, et al. Characterization and identification of the sources of chzomium, zinc, lead, cadmium, nickel, manganese and iron in PM_{10} particulates at the two sites of Kolkate, India [J]. Environmental Monitoring and Assessment, 2006, 120: 347-360.

[30] 周来东．成都市春季大气飘尘目标变换因子分析 [J]．四川环境，1995，14（3）：12-15.

[31] 李先国，范莹，冯丽娟．化学质量平衡受体模型及其在大气颗粒物源解析中的应用 [J]．中国海洋大学学报，2006，36（2）：225-228.

[32] 付培健，陈长和，侯喜福．兰州市城关区大气颗粒物分析研究 [J]．兰州大学学报：自然科学版，1995，31（4）：175-181.

[33] 刘咸德，封跃鹏，贾红，等．青岛市大气颗粒物来源的定量解析 [J]．环境科学研究，1998，11（5）：51-54.

[34] 朱赖民，张海生，陈立奇．铅稳定同位素在示踪环境污染中的应用 [J]．环境科学研究，2002，15（1）：27-30.

[35] HUEBERT B J, BATES T, RUSSELL P B, et al. An overview of ACE-Asia: Strategies for

quantifying the relationships between Asian aerosols and their climatic impacts [J]. Journal Geophysical Research，2001，108（23）：8633-8642.

[36] MIKAMI M，ABE O，DU M，et al. The impact of Aeolian dust on climate：Sino-Japanese cooperative project ADEC [J]. Journal of Arid Land Studies，2002，11：211-222.

[37] SHAO Y，DONG C. A review on East Asian dust storm climate，modelling and monitoring，global and planetary change [J]. Monitoring and Modelling of Asian Dust Storms，2006，52（1-4）：1-22.

[38] ZHAO Y，GUO X，ZHENG X J. Expeimental measurement of wind-sand flux and sand transport for naturally mixed sands [J]. Physical Review E，2002，66，021305.

[39] 赵忠明，陈卫平，焦文涛，等. 再生水灌溉农田土壤镉累积规律模拟研究 [J]. 环境科学，2012，33（12）：4115-4120.

[40] 李山泉，李德成，张甘林. 南京不同功能区大气降尘速率及其影响因素分析 [J]. 土壤，2014，46（2）：366-372.

[41] 谢宇，唐伟. 抚顺市典型区域土壤重金属污染调查与评价 [J]. 环境科学与管理，2009，34（8）：38-41.

[42] 王玉华，杨新兵，张志杰，等. 华北土石山区不同肥料对土壤重金的影响 [J]. 东北林业大学学报，2010，38（10）：91-94.

[43] 王俊，符晓，张志杰，等. 植物根系对重金属在土壤中运移影响的数值模拟研究 [J]. 水资源与水工程学报，2011，22（1）：26-30.

[44] 邱媛，管东生，陈华，等. 惠州市植物叶片和叶面降尘的重金属特征 [J]. 中山大学学报（自然科学版），2007，49（6）：98-102.

[45] 于洪. 乌鲁木齐市大气降尘重金属污染及生态风险评价 [D]. 乌鲁木齐：新疆农业大学，2012.

[46] 李如忠，潘成荣，陈婧，等. 铜陵市区表土与灰尘重金属污染健康风险评估 [J]. 中国环境科学，2014，32（12）：2261-2270.

[47] 李萍，薛粟尹，王胜利，等. 兰州市大气降尘重金属污染评价及健康风险评价 [J]. 环境科学，2014，35（3）：1021-1028.

[48] 李山泉，杨金玲，阮玉玲，等. 南京市大气降尘中重金属特征及对土壤的影响 [J]. 中国环境科学，2014，34（1）：22-29.

[49] 姚峰，包安明，古丽. 加帕尔，等. 新疆准东煤田土壤重金属来源与污染评价 [J]. 中国环境科学，2013，33（10）：1821-1828.

[50] 夏军. 准东煤田土壤重金属污染高光谱遥感监测研究 [D]. 乌鲁木齐：新疆大学，2014.

[51] 曾强，塔西甫拉提. 特依拜，MANFRED W W，等. 地下煤火重金属分布特征及其污染评价 [J]. 中国矿业大学学报，2014，43（4）：695-700.

[52] 厉炯慧，翁姗，方婧，等. 浙江海宁电镀工业园区周边土壤重金属污染特征及生态风险分析 [J]. 环境科学，2014，35（4）：1509-1515.

[53] 鲁荔，杨金燕，田丽燕，等. 大邑铅锌矿区土壤和蔬菜重金属污染现状及评价 [J]. 生态与农村环境学报2014，30（3）：374-380.

[54] 周骁腾，卢恒，侯静怡，等．当归中4种金属微量元素的检测及其健康风险评价 [J]．中国环境科学，2013，33（9）：1652-1655.

[55] WALTER R，CLIFF I，DAVIDSON K，et al. Dry deposition of particles [J]. Tellus，1995，47B：587-601.

[56] 张金良，于志刚，张经．大气的干湿沉降及对海洋的影响 [J]．海洋环境科学．1999，18（1）：70-76.

[57] 张乃明．大气沉降对土壤重金属累积的影响 [J]．土壤与环境，2001，10（2）：91-93.

[58] 赖木收，杨忠芳，王洪翠，等．太原盆地农田区大气降尘对土壤重金属元素累积的影响及其来源探讨 [J]．地质通报，2008，27（2）：240-245.

[59] 刘晓文．干旱区典型土壤-植物系统中主要重金属行为过程及风险性研究-以河西绿洲土壤为例 [D]．兰州：兰州大学，2009.

[60] 甘国娟．土壤-水稻系统重金属迁移特征与区域污染风险评价 [D]．长沙：中南林业科技大学，2013.

[61] 刘玉萃，李保华，吴明作．大气-土壤-小麦生态系统中铅的分布和迁移规律研究 [J]．生态学报，1997，17（2）：418-425.

[62] 顾世成，彭淑贞，杨得福，等．风扬粉尘和粉尘沉积物的一些环境效应研究述评 [J]．泰山学院学报，2006，28（6）：64-68.

[63] MALLE M，REGINO K，JAAK P，et al. Assessment of growth and stemwood quality of scots pine on territory influenced by alkaline industrial dust [J]. Environmental Monitoring and Assessment，2008，138：51-63.

[64] KUMAR S S，SINGH N A，KUMAR V，et al. Impact of dust emission on plant vegetation in the vicinity of cement plant [J]. Environment Engineering and Management Journal，2008，7（1）：31-35.

[65] NANOS G D，ILIAS I F. Effects of inert dust on olive (*Olea europaeal*) leaf physiological parameters [J]. Environmental Science and Pollution Research，2007，14（3）：212-214.

[66] 李媛媛，周春玲．不同尘源微粒条件下高羊茅的滞尘能力及其生理性变化 [J]．中国园林，2010，12（12）：25-28.

[67] 王曰鑫，吕晋晓．煤粉尘扩散及 As 积累对土壤和作物的影响 [J]．水土保持学报，2012，26（3）：30-38.

[68] 刘俊岭，杜梅，张克云，等．水泥粉尘污染对水稻、油菜和土壤环境的影响 [J]．植物资源与环境，1997，6（3）：42-47.

[69] 刘树庆．保定市污灌区土壤的 Pb、Cd 污染与土壤酶活性关系研究 [J]．土壤学报，1996，33（2）：175-182.

[70] 王广林，王立龙，沈章军，等．冶炼厂附近水稻田土壤重金属污染与土壤酶活性的相关性研究 [J]．安徽师范大学学报：自然科学版，2004，27（3）：310-313.

[71] PAN J，YU L. Effects of Cd or/and Pb on soil enzyme activities and microbial community structure [J]. Ecological Engineering，2011，37（11）：1889-1894.

[72] 宋建，金凤媚，薛俊，等．镉胁迫对植物生长及生理生态效应的研究进展 [J]．天津农业

科学，2014，20（12）：19-22.

［73］ANGELOVA V，IVANOVA R，TODOROV G，et al. Heavy metal uptake by rape［J］. Communications in Soil Science and Plant Analysis，2008，39：344-357.

［74］SUN Y，ZHOU Q，DIAO C. Effects of cadmium and arsenic on growth and metal accumula-tion of Cd-hyperaccumulator Solanum nigrum L［J］. Bioresource technology，2008，99：1103-1110.

［75］周春兰．"3S"技术在矿山生态环境监测中的应用研究——以攀枝花宝鼎煤矿为例［D］. 成都：成都理工大学，2009.

［76］侯鹏．基于遥感和地理信息系统的矿区环境监测与评价［D］. 青岛：山东科技大学，2004.

［77］马保东．兖州矿区地表水体和煤堆固废占地变化的遥感监测［D］. 沈阳：东北大学测绘遥感与数字矿山研究所，2008.

［78］刘圣伟，甘甫平，王润生．用卫星高光谱数据提取德兴铜矿区植被污染信息［J］. 国土资源遥感，2004（1）：6-10.

［79］LEI S G，BIAN Z F，DANIELS J L，et al. Spatio-temporal variation of vegetation in an arid and vulnerable coal mining region［J］. Mining Science and Technology（China），2010，20（3）：485-490.

［80］ZHANG B，WU D，ZHANG L，et al. Application of hyperspectral remote sensing for envi-ronment monitoring in mining areas［J］. Environmental Earth Sciences，2012，65（3）：649-658.

［81］赵汀．基于遥感和GIS的矿山环境监测与评价——以江西德兴铜矿为例［D］. 北京：中国地质科学院，2007.

［82］陈伟涛，张志，王焰新．矿山开发及矿山环境遥感探测研究进展［J］. 国土资源遥感，2009（2）：1-8.

［83］孟淑英，管海晏，赵磊，等．煤矿环境遥感调查技术研究［J］. 神华科技，2012，10（4）：17-20.

［84］吴昀昭．南京城郊农业土壤重金属污染的遥感地球化学基础研究［D］. 南京：南京大学，2005.

［85］石占飞．神木矿区土壤理化性质与植被状况研究［D］. 西安：西北农林科技大学，2011.

［86］王晓宇，卢明银．露天煤矿绿色开采评价指标体系研究［J］. 科技传播，2010，20（11）：27-30.

［87］张东升，刘洪林，范钢伟，等．新疆大型煤炭基地科学采矿的内涵与展望［J］. 采矿与安全工程学报，2015，32（1）：1-6.

［88］张其，孙慧，欧娜．基于投入产出分析法的新疆煤电、煤化工产业发展战略研究［J］. 新疆大学学报（自然科学版），2012，29（3）：272-277.

［89］温久川，楚波．露天煤矿生态保护措施［J］. 北方环境，2012，28（6）：63-64.

［90］杨永均，张绍良，侯湖平，等．煤炭开采的生态效应及其地域分异［J］. 中国土地科学，2015，29（01）：55-62.

［91］徐燕，陈飞，刘月玲，等．新疆准东经济开发区生态环境影响回顾评价［C］．中国环境科学学会学术年会论文集，北京：中国环境科学出版社，2015：1564-1569.

［92］刘科尧．基于3S技术的准东地区生态脆弱性研究［D］．乌鲁木齐：新疆大学，2017.

［93］刘芳．准东煤炭开采区周边环境特征及社会经济发展评价［D］．乌鲁木齐：新疆大学，2018.

［94］白润才，白羽，刘光伟，等．浅谈露天煤矿环境问题及其解决方法［J］．能源环境保护，2012，26（05）：36-39.

［95］赵浩，白润才，刘光伟．低碳经济下露天矿的减少［J］．能源环境保护，2010，23（2）：64-70.

［96］古力扎提·艾买提．基于RS和GIS准东荒漠露天煤矿区景观格局变化及生态服务价值分析［D］．乌鲁木齐：新疆大学，2017.

［97］马俊英，蔺尾燕，祝婕，等．准东工业园区大气污染物对区域内敏感地带的影响研究［J］．新疆环境保护，2018，40（2）：8-13.

［98］杨春，塔西甫拉提·特依拜，侯艳军，等．新疆准东煤田 $PM_{2.5}$、PM_{10} 时空变异性及其与气象因素的关系［J］．中国矿业，2016，25（08）：74-81.

［99］刘芳，塔西甫拉提·特依拜，高宇潇，等．新疆准东露天煤矿开采区 PM_{10} 和 $PM_{2.5}$ 污染特征研究［J］．煤炭学报，2016，41（12）：3062-3068.

［100］赵娜．干旱区露天煤矿扬尘污染特征及源解析［D］．乌鲁木齐：新疆大学，2019.

［101］王世友．新疆准东地区露天开采对环境的影响及综合治理研究［J］．内蒙古煤炭经济，2013（11）：35.

［102］曹文洁．关于露天煤矿粉尘扩散模拟与分析［J］．环境与可持续发展，2015，40（01）：108-111.

［103］孔利锋，赵晨曦，陈勇，等．新疆准东煤田大气降尘中 Hg 含量分析与污染风险评价［J］．新疆环境保护，2015，37（2）：01-06.

［104］刘巍，王涛，汪君，等．准东煤田露天矿区降尘、土壤重金属分布特征及生态风险评价［J］．中国矿业，2017，26（1）：60-66.

［105］杨春，塔西甫拉提·特依拜，侯艳军，等．新疆准东煤田降尘重金属污染及健康风险评价［J］．环境科学，2016，37（7）：2453-2461.

［106］杨童童，塔西甫拉提·特依拜，伊利亚斯江·努尔买买提，等．新疆准东地区降尘重金属污染分析及健康风险评价［J］．环境污染与防治，2018，40（09）：1056-1062.

［107］张琳，陈勇，孔利锋，等．新疆准东煤矿开采区域中多环芳烃的污染特征分析［J］．环境化学，2017，36（03）：677-684.

［108］娜孜拉·扎曼别克，孔利锋，沙拉·托合塔尔汗，等．新疆准东煤矿开采区降尘中 PAHs 的污染特征及健康风险［J］．中国资源综合利用，2019（10）：17-22.

［109］夏楠，塔西甫拉提·特依拜，张飞，等．新疆准东露天煤矿区地表温度反演及时空变化特征［J］．中国矿业，2016，25（1）：69-73.

［110］岳健，阿力木江·牙生，蓝利，等．新疆沙漠化防治区划指标和方法［J］．干旱区研究，2010，27（2）：309-318.

[111] 冯新玉．浅谈新疆准东煤田开发建设项目水土流失防治措施［J］．陕西水利，2016 （05）：148-149.

[112] 马英武．准东矿区露天煤矿排土场水土流失防治措施分析［J］．水土保持应用技术，2013（03）：35-37.

[113] 张婷婷，曹月娥，卢刚，等．准噶尔盆地东部土壤风蚀敏感性分级及其区划研究［J］．干旱地区农业研究，2017，35（05）：115-121.

[114] 刘君洋，王明力，杨建军，等．基于MCM模型和137Cs的准东地区土壤侵蚀分析［J］．干旱区研究，2020，25（05）：69-73.

[115] 曹月娥，张婷婷，杨建军，等．准东地区不同土地利用类型土壤粒度特征分析及风蚀量估算［J］．新疆大学学报（自然科学版），2017，34（02）：140-145.

[116] 曹月娥，吴芳芳，张婷婷，等．基于风蚀模型的准东地区土壤风蚀研究［J］．干旱区资源与环境，2018，32（03）：94-99.

[117] 玛克萨特·阿赫买提哈丽耶娃，吕光辉．东哈萨克斯坦州土壤腐殖-残积层重金属分布特征［J］．新疆大学学报（自然科学版），2015，32（02）：233-238.

[118] 刘少华．典型干旱荒漠区露天煤炭资源开采环境成本内部化问题研究［D］．乌鲁木齐：新疆农业大学，2013.

[119] 比拉力·依明，阿不都艾尼·阿不里，师庆东，等．基于PMF模型的准东煤矿周围土壤重金属污染及来源解析［J］．农业工程学报，2019，35（09）：185-192.

[120] 李长春，张光胜，姚峰，等．新疆准东煤田五彩湾露天矿区土壤重金属污染评估与分析［J］．环境工程，2014，32（07）：142-146.

[121] 宋佳，徐长春，罗映雪，等．准东煤区土壤重金属环境风险及空间分布特征［J］．江苏农业科学，2019，47（24）：241-247.

[122] 李晓航，张飞，夏楠，等．新疆准东煤矿土壤重金属污染方法评价与分析［J］．中国矿业，2016，25（10）：74-80.

[123] 许紫峻，汪溪远，师庆东，等．准东煤矿区土壤镉污染风险评价及敏感性分析［J］．生态毒理学报，2018，13（02）：159-170.

[124] 刘芳，塔西甫拉提·特依拜，依力亚斯江·努尔麦麦提，等．准东煤炭产业区周边土壤重金属污染与健康风险的空间分布特征［J］．环境科学，2016，37（12）：4815-4829.

[125] 娜孜拉·扎曼别克，孔利锋，陈勇，等．准东煤矿开采区表层土中多环芳烃的污染及健康风险［J］．新疆环境保护，2018，40（2）：38-45.

[126] 刘敬，王智化，项飞鹏，等．准东煤中碱金属的赋存形式及其在燃烧过程中的迁移规律实验研究［J］．燃料化学学报，2014，42（03）：316-322.

[127] 翁青松，王长安，车得福，等．准东煤碱金属赋存形态及对燃烧特性的影响［J］．燃烧科学与技术，2014，20（03）：216-221.

[128] 阿尔祖娜·阿布力米提，王敬哲，王宏卫，等．新疆准东矿区土壤与降尘重金属空间分布及关联性分析［J］．农业工程学报，2017，33（23）：259-266.

[129] 许雷涛，何剑波．新疆准东能源基地地下水赋条件与影响因素分析［J］．地下水，2016，38（3）：15-17.

[130] 刘少飞．准东露天煤矿水资源综合利用研究 [J]．露天采矿技术，2017，32（7）：61-63.

[131] 陈凯，王文科，李崇博，等．准东煤田五彩湾矿区一号矿井水文地质条件分析 [J]．中国矿业，2018，27（3）：156-159.

[132] 李根生，曾强，董敬宣，等．准东矿区邻近奇台绿洲地下水位变化趋势分析 [J]．中国矿业，2017，26（5）：148-153.

[133] 郝春明，孙伟，何培雍，等．近30年煤矿开采影响下峰峰矿区岩溶地下水水化学特征的演变 [J]．中国矿业，2015，24（01）：45-51.

[134] 李根生，曾强，杨洁，等．准东大井矿区保水采煤开发利用研究 [J]．中国矿业，2019，28（7）：142-147.

[135] 师庆东，师庆三，刘曼．中国西部干旱区植被的遥感分类研究 [J]．新疆大学学报（自然科学版），2012，29（4）：390-394.

[136] 李长春，姚峰，齐修东，等．新疆准东煤田五彩湾露天矿区植被受损分析 [J]．河南理工大学学报（自然科学版），2015，34（01）：124-128.

[137] 夏楠，塔西甫拉提·特依拜，依力亚斯江·努尔麦麦提，等．新疆准噶尔东部荒漠区植被覆盖度遥感监测与评估 [J]．环境科学与技术，2017，40（1）：167-173.

[138] 孔利锋，陈勇，张琳，等．新疆准东煤矿开采区域植物对重金属元素富集能力的探讨 [J]．新疆环境保护，2018，40（1）：42-46.

[139] 秦璐，张雯，杨林红，等．准东矿区降尘对梭梭光合特性的影响 [J]．环境与发展，2020（3）：203-206.

[140] 樊强，李素英，关塔拉，等．露天煤矿生产中产生的粉尘对周边植物和土壤的影响 [J]．北方环境，2013，25（09）：104-108.

[141] 彭向前．准东煤电煤化工产业开发对卡拉麦里山蒙古野驴的影响 [J]．新疆环境保护，2012，34（04）：37-41

[142] 任志刚，彭向前．卡拉麦里山自然保护区野生动物保护对策 [J]．新疆林业，2013（02）：13-15.

[143] 刘玉燕，刘浩峰，刘敏．新疆卡拉麦里山有蹄类自然保护区生物多样性保护研究 [J]．干旱环境监测，2005，19（03）：131-135.

[144] 陈香莲，李硕，彭向前，等．准东煤电煤化工产业开发建设对卡拉麦里山野生动物的影响 [J]．干旱区资源与环境，2013，27（01）：185-189.

[145] 张莉，周晶，刘俊．准东煤电煤化工开发建设中的生态环境问题探讨 [J]．新疆环境保护，2013，35（03）：47-50.

[146] 黄晓梅．新疆准东煤田地面塌陷整治修复途径探讨 [J]．露天采矿技术，2008（03）：45-46.

[147] 王普毅，刘金龙，段文波．生态矿山——露天煤矿发展的新方向 [J]．露天采矿技术，2015（01）：78-80.

[148] 刘宏华．新疆准东露天煤矿外排土场水土流失防治措施探究 [J]．露天采矿技术，2012（03）：7-9.

[149] 吕雁琴，马延亮．新疆准东煤田生态补偿费用估算及标准确定 [J]．干旱区资源与环境，

2014，28（06）：39-43.

[150] 张园园. 新疆五彩湾露天煤矿生态安全评价研究［D］. 乌鲁木齐：新疆大学，2014.

[151] 敬久旺，赵玉红，张涪平，等. 藏中矿区表层土壤重金属污染评价［J］. 贵州农业科学，2011，39（7）：126-128.

[152] 付善明，周永章，高全洲，等. 金属硫化物矿山环境地球化学研究述评［J］. 地球与环境，2006，34（3）：23-29.

[153] 周林平，刘敏，李杰，等. 综合污染指数法评价声环境质量研究-以重庆市南岸区为例［J］. 西南师范大学学报（自然科学版），2015，40（3）：144-150.

[154] 李晓婷，刘勇，王平. 基于支持向量机的城市土壤重金属污染评价［J］. 生态环境学报，2014，23（8）：1359-1365.

[155] 国家环境保护局，国家技术监督局. 土壤环境质量标准：GB15618—1995［S］. 北京：中国标准出版社，2006.

[156] 李绍生. 地质累积指数法在义马矿区土壤重金属及氟污染评价中的应用［J］. 河南科学，2011，29（5）：614-618.

[157] 齐杏杏，高秉博，潘瑜春，等. 基于地理探测器的土壤重金属污染影响因素分析［J］. 农业环境科学学报，2019，38（11）：2476-2486.

[158] 宋静宜，傅开道，苏斌，等. 澜沧江水系底沙重金属含量空间分布及污染评价［J］. 地理学报，2013，68（3）：389-397.

[159] 赵沁娜，徐启新，杨凯. 潜在生态危害指数法在典型污染行业土壤污染评价中的应用［J］. 华东师范大学学报（自然科学版），2005（1）：111-116.

[160] 陈明星，陆大道，张华. 中国城市化水平的综合测度及其动力因子分析［J］. 地理学报，2009，64（4）：387-398.

[161] 邢丹，刘鸿雁，于萍萍，等. 黔西北铅锌矿区植物群落分布及其对重金属的迁移特征［J］. 生态学报，2012，32（3）：796-804.

[162] 陈三雄，陈家栋，谢莉，等. 广东大宝山矿区植物对重金属的富集特征［J］. 水土保持学报，2011，25（6）：216-220.

[163] 刘卫国，潘晓玲，高炜. 新疆阜康绿洲生态系统生物量遥感估算分析［J］. 资源科学，2007，27（5）：134-140.

[164] 赵秀芳，杨劲松，姚荣江. 基于典范对应分析的苏北滩涂土壤春季盐渍化特征研究［J］. 土壤学报，2010，47（3）：422-428.

[165] 吴雪梅，塔西甫拉提·特依拜，姜红涛，等. 基于CCA方法的于田绿洲土壤盐分特征分析研究［J］. 中国沙漠，2014，36（6）：1568-1575.

[166] 武彦清，张柏，宋开山，等. 松嫩平原土壤有机质含量高光谱反演研究［J］. 中国科学院研究生院学报，2011，28（2）：187-194.

[167] BOWERS S A，HANKS R J. Reflectance of radiant energy from soils［J］. Soil Science，1965，（100）：130-138.

[168] Al-ABBAS A H，SWAIN P H，BAUMGARDER M F. Relating organic matter and clay content to the multi-spectral radiance of soils［J］. Soil Science，1972，114（6）：477-485.

[169] KRISHNAN P，ALEXANDER J D，BUTLER B J，et al. Reflectance technique for predicting soil organic matter [J]. Soil Society of American Journal，1980，44（6）：1280-1285.

[170] GUNSAULIS F R，KOCHER M F，GRIFFIS C L. Surface structure effects on close-range reflectance as a function of soil organic matter content [J]. American Society of Agricultural Engineer，1991，34：641-649.

[171] GALVAO L S. Variation in reflectance of tropical soil spectral chemical composition relationships from AVIRISD Data [J]. Remote Sensing Environment，2001，(75)：245-255.

[172] 卢艳丽，白由路，杨俐苹，等. 基于主成分回归分析的土壤有机质高光谱预测与模型验证 [J]. 植物营养与肥料学报，2008，14（6）：1076-1082.

[173] 刘炜，常庆瑞，郭曼，等. 土壤导数光谱小波去噪与有机质吸收波段特征提取 [J]. 光谱学与光谱分析，2011，31（1）：100-104.

[174] 刘磊，沈润平，丁国香. 基于高光谱的土壤有机质含量估算研究 [J]. 光谱学与光谱分析，2011，31（3）：762-766.

[175] 刘焕军，吴炳方，赵春江，等. 光谱分辨率对黑土有机质预测模型的影响 [J]. 光谱学与光谱分析，2012，32（3）：739-742.

[176] 沈润平，丁国香，魏国栓，等. 基于人工网络的土壤有机质含量高光谱反演 [J]. 土壤学报，2009，46（3）：391-397.

[177] 刘焕军，张柏，赵军，等. 黑土有机质含量高光谱模型研究 [J]. 土壤学报，2007，44（1）：27-32.

[178] LIU H J，ZHANG Y Z，ZHANG B, et al. Novel hyper-spectral reflectance models for estimating black-soil organic matter in Northeast China [J]. Environmental Monitoring and Assessment，2009，154（1）：147-154.

[179] LU Y L，BAI Y L，YANG L P, et al. Hyper-spectral extraction of soil organic matter content based on principal component regression [J]. New Zealand Journal of Agricultural Research，2007，50（5）：1169-1175.

[180] 彭杰，张杨珠，庞新安，等. 新疆南部土壤有机质含量的高光谱特征分析 [J]. 干旱区地理，2010，33（5）：740-746.

[181] 高志海，白黎娜，王琫瑜，等. 荒漠化土地土壤有机质含量的实测光谱估算 [J]. 林业科学，2011，47（6）：9-16.

[182] 张娟娟，田永超，朱艳，等. 不同类型土壤的光谱特征及其有机质含量预测 [J]. 中国农业科学，2009，42（9）：3154-3163.

[183] 廖钦洪，顾晓鹤，李存军，等. 基于连续小波的潮土有机质含量高光谱估算 [J]. 农业工程学报，2012，28（23）：132-139.

[184] 程彬，姜琦刚. 遥感影像在土壤属性估算中的应用 [J]. 中国农学通报，2008，24（1）：467-470.

[185] 张法升，曲威，尹光华，等. 基于多光谱遥感影像的表层土壤有机质空间格局反演 [J]. 应用生态学报，2010，21（4）：884-888.

[186] 徐彬彬，戴昌达．南疆土壤光谱反射特性与有机质的相关分析［J］．科学通报，1980，25（6）：282-284.

[187] VASQUES G M，GRUNWALD S，SICKMAN J O. Comparison of multivariate methods for inferential modeling of soil carbon using visible/near-infrared spectra［J］．Geoderma，2008，146：14-25.

[188] 鲍士旦．土壤农化分析［M］．北京：中国农业出版社，1999：30-34.

[189] 张永贺，陈文惠，郭乔影，等．桉树叶片光合色素含量高光谱估算模型［J］．生态学报，2013，33（3）：876-887.

[190] 刘炜，常庆瑞，郭曼，等．不同尺度的微分窗口下土壤有机质的一阶导数光谱响应特征分析［J］．红外与毫米波学报，2011，30（4）：316-321.

[191] MARIE M C，BJORN B P. Near infrared reflectance spectroscopy for determination of organic matter fractions including microbial biomass in coniferous forest soils［J］．Soil Biology and Biochemistry，2003，35：1587-1600.

[192] KEMPER T S. Estimate of heavy metal contamination in soil after a mining accident using reflectance spectroscopy［J］．Environment Science and Technology，2002，36（12）：2742-2747.

[193] COETZ A F，HERRING M . A high resolution imaging spectrometer（HIRIS）for EOS［J］．Geoscience and Remote Sensing，1989，27（2）：136-144.

[194] 黄昌勇．土壤学［M］．北京：中国农业出版社，2000，1-2.

[195] 沈其荣．土壤肥料学通论［M］．北京：高等教育出版社，2001，202-212.

[196] 田国良．热红外遥感（第2版）［M］．北京：电子工业出版社，2014，33-34.

[197] 郭辉，卜小东，黄可京，等．基于热红外遥感影像的玉米田间土壤水分反演研究［J］．中国农机化学报，2020，41（10）：203-210.

[198] 夏军，塔西甫拉提·特依拜，买买提·沙吾提，等．热红外发射率光谱在盐渍化土壤含盐量估算中的应用研究［J］．光谱学与光谱分析，2012，32（11）：2956-2961.

[199] 夏军，张飞．热红外光谱的干旱区土壤含盐量遥感反演［J］．光谱学与光谱分析，2019，39（4）：1063-1069.

[200] 黄启厅，史舟，潘桂颖．沙质土壤热红外高光谱特征及其含沙量预测研究［J］．光谱学与光谱分析，2011，31（8）：2195-2199.

[201] 李争光．基于地面实测热红外光谱的地表参数反演——以土壤含水率和含沙率为例［D］．乌鲁木齐：新疆大学，2012.

[202] 刘燕德，熊松盛，吴至境，等．赣南脐橙园土壤全磷和全钾近红外光谱检测［J］．农业工程学报，2013，29（18）：156-162.

[203] 徐州，赵慧洁．基于维恩近似修正的热红外温度和发射率反演算法［J］．光学学报，2009，29（2）：394-399.

[204] CHANG C W，LAIED D A. Near-infrared reflectance spectroscopic analysis of soil C and N［J］．Soil Science，2012，167：110-116

[205] 高志海，白黎娜，王瑋瑜，等．荒漠化土地土壤有机质含量的实测光谱估测［J］．林业科学，2011，47（6）：9-16.